MANUEL

DES PROPRIÉTAIRES

D'ABEILLES.

Ve ÉDITION.

AVIS.

Cet Ouvrage est sous la garantie de la loi du 5 février 1810.

Pendant la belle saison l'auteur demeure *au Terne près et hors la barrière du Roule,* où on peut voir son rucher.

Les personnes qui auraient des demandes et observations à faire à l'auteur, peuvent lui écrire, franc de port.

Tous les exemplaires sont signés de sa main.

MANUEL

DES PROPRIÉTAIRES

D'ABEILLES,

SUIVI DE NOTES HISTORIQUES;

Par M. LOMBARD,

DES SOCIÉTÉS D'AGRICULTURE DE PARIS, DE VERSAILLES, DE CELLES DES SCIENCES ET ARTS DE RENNES, DE DOUAI, DU CONSEIL D'ADMINISTRATION DE LA SOCIÉTÉ D'ENCOURAGEMENT POUR L'INDUSTRIE NATIONALE, etc.

CINQUIÈME ÉDITION,

REVUE, CORRIGÉE ET AUGMENTÉE

AVEC FIGURES.

> La pratique de l'art d'élever les abeilles ne s'acquiert pas en un jour; cet art comme les autres, a son apprentissage; il faut en passer par-là.
>
> M. F. HUBER.

A PARIS,

CHEZ
{
L'AUTEUR, rue des Grands-Augustins, n° 7. 10
RENOUARD (Ant.-Aug.), libraire, rue Saint-André-des-Arts, n° 55.
D. COLAS, imprimeur-libraire, rue du Vieux-Colombier, n° 26.

1812.

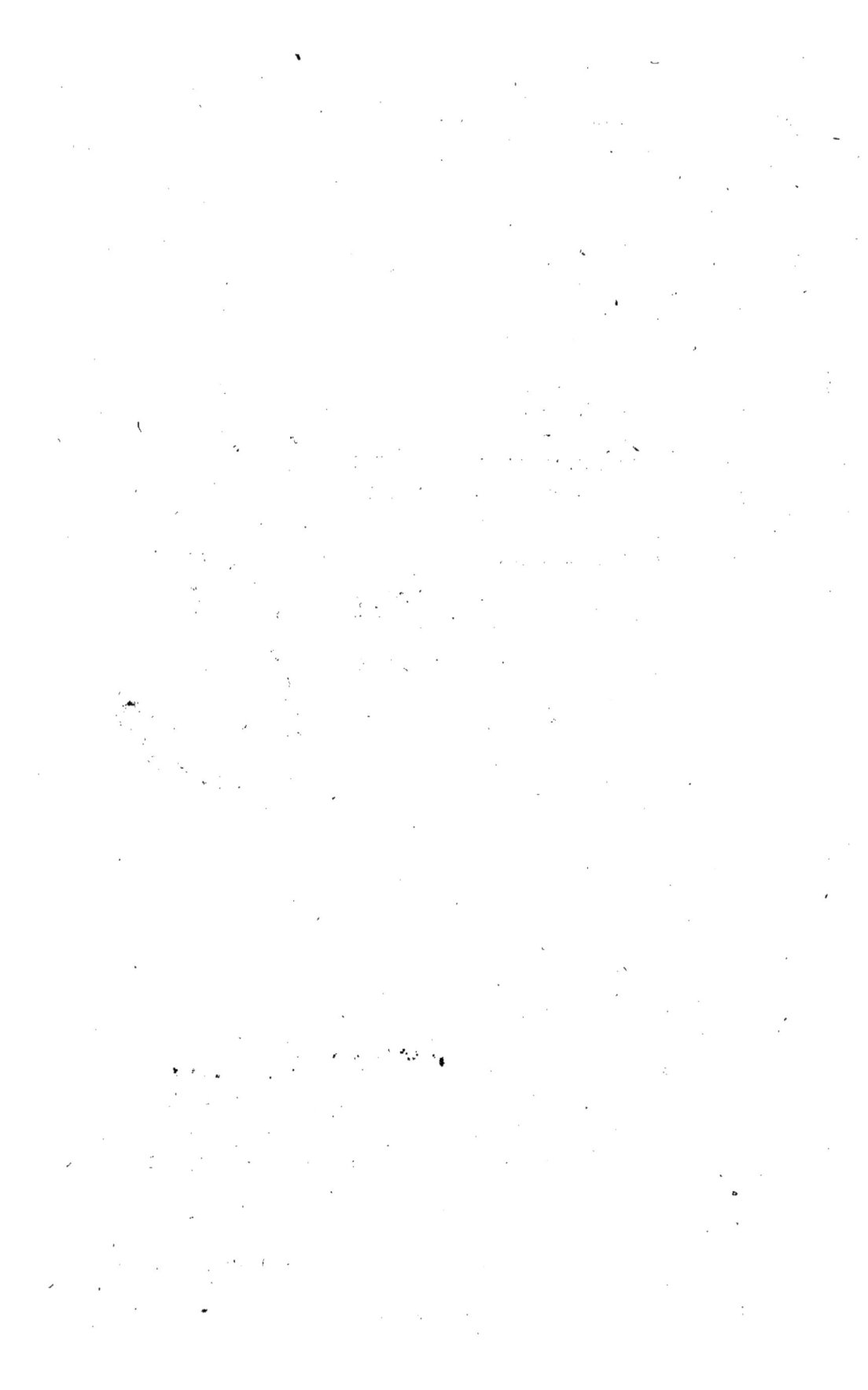

A Mᴿ. F. HUBER,

A GENÈVE.

Monsieur,

Vous avez bien voulu agréer la quatrième édition de mon Manuel sur les Abeilles, *permettez que je vous offre aussi la cinquième. Ce qu'elle contient de nouveau, dérive toujours de vos belles expériences, de vos principes, de l'approbation que vous avez donnée à ma ruche après l'avoir soumise à l'épreuve, de la correspondance particulière dont vous m'avez honoré. Cela m'a encouragé, j'ai agi avec plus de confiance, j'ai fait des essais qui m'ont conduit à des résultats satisfaisans, notamment sur la manière de faire des essaims artificiels. Le présent que vous avez bien voulu me faire d'une de vos ruches à feuillets est inappréciable. Je la placerai sur ma croisée à Paris, au milieu de cette capitale immense; les curieux pourront venir voir les Abeilles par les vitrages, juger combien elles savent surmonter les obstacles (1), et leur donner l'affection qu'elles méritent.*

J'ai appris que vos observations sur les Abeilles se réimprimaient à Genève; cet ouvrage, qui ne se trouve plus, est

---

(1) *Voyez* ci-après, page 77, Nᵒ 119 *bis*.

vivement désiré; il ne peut qu'augmenter les appréciateurs du vrai mérite.

Je suis avec autant de vénération que de respect ,

MONSIEUR,

Votre très-humble Serviteur,

LOMBARD.

RÉPONSE

DE M. HUBER A M. LOMBARD.

MONSIEUR,

J'AI reçu l'exemplaire de la 5ᵉ édition de votre *Manuel*, que vous avez bien voulu m'adresser, et celui pour *Beurnens*. Je vous en remercie de sa part et de la mienne. Il trouvera comme moi que ce petit livre est d'un grand intérêt, et que c'est, sans aucun doute, ce que nous avons de meilleur jusqu'à présent sur la culture des Abeilles..... J'ai vu, dans votre *Avertissement*, que mes découvertes trouvaient encore des incrédules ; j'en suis plus fâché qu'étonné. L'étrange manière dont se féconde la reine des Abeilles est une des choses qu'on a le plus de peine à croire ; rien n'est heureusement plus facile que de le voir de ses propres yeux ; il ne faut pour cela que rétrécir la porte des ruches , de manière qu'elle ne puisse donner passage qu'aux ouvrières. Pour diminuer cette ouverture, on choisira le moment qui suit l'établissement des 2e, 3e ou 4e essaims, à la tête desquels sont toujours des reines vierges, on rétrécira la porte au moyen d'un grillage ou fil de fer engagé au travers. A l'heure de la sortie des mâles, on les verra, ainsi que la jeune reine, se présenter en dedans; on verra faire à celle-ci tous ses efforts pour sortir de sa prison et ronger à belles dents la barre qui lui fait obstacle. Il ne faudrait pas la faire attendre long-tems; les mâles, en s'entassant vers la porte, pourraient l'étouffer. Une fois mise en liberté, on lui verra prendre l'essor. Il faudra rétrécir la porte pour qu'elle ne puisse rentrer à l'insu de l'observateur. Ce n'est point à la première excursion qu'elle sera fécondée et qu'elle en rapportera les preuves. On la laissera rentrer, on la renfermera; au bout d'un quart d'heure ou environ, on la verra, comme la première fois, ronger la grille et partir au vol, quand elle le pourra; pour cette fois, son absence sera de vingt à trente minutes. Trouvant à son retour la porte barricadée, elle se posera sur la table de la ruche : c'est là qu'il faut la saisir, ce qui se peut sans courir le risque d'être piqué, ne songeant alors qu'à se délivrer du corps étranger qu'elle rapporte avec elle, et dont elle se débarrassera dans les mains de l'observateur. S'il compare alors ce qu'il aura dans la main avec les parties dont j'ai donné le dessin, il les reconnaîtra pour celles du mâle qui l'a fécondée.

Quant à la faculté qu'ont les abeilles ouvrières de se faire des reines à volonté, il y a encore des personnes qui doutent, malgré tout ce que j'ai fait pour établir cette vérité; je viens heureusement d'avoir une nouvelle confirmation de cette grande découverte; je la publierai avec la suite de mes observations sur les abeilles, en regrettant que *Schirach* ne soit plus là pour en avoir le plaisir.

A l'égard de ma ruche à feuillets dont vous voulez faire usage, je crains que les abeilles ne s'accommodent pas des listes triangulaires qui doivent servir à les diriger et qui sont beaucoup plus larges que je l'avais demandé (1). Elles pourraient bien préférer de suivre la ligne tracée par la réunion des châssis et placer le fondement de leurs gâteaux au point du contact, ce qui empêcherait qu'on ne pût ouvrir la ruche : pour éviter cet accident, il faut revenir aux petits gâteaux qui me paraissent ce qu'il y a de mieux pour diriger les travaux des Abeilles ; mais comme il ne serait pas facile de les fixer convenablement sur les arêtes triangulaires, je vous conseille, Monsieur, de faire enlever 2 à 3 pouces de chaque arête dans le milieu des châssis. En plaçant les fragmens, il faut faire en sorte qu'ils soient placés perpendiculairement au milieu des châssis, et dans l'alignement des arêtes conservées : ceci est de rigueur; la moindre déviation serait suivie par les Abeilles, et vous les verriez conduire leurs rayons tout de travers......

Recevez, MONSIEUR, mes sincères remercimens, et croyez à l'intérêt que je ne cesserai de prendre à vos succès si mérités.

Signé, FR. HUBER.

---

(1) *Voyez* ci-après, pag. 36, lig. 23 et suiv., et la 1re planche.

A

MONSIEUR·F·HUBER.

MONSIEUR,

Vous avez bien voulu agréer la quatrième édition de mon Manuel sur les Abeilles, permettez que je vous offre aussi la cinquième. Ce qu'elle contient de nouveau, dérive toujours de vos belles expériences, de vos principes, de l'approbation que vous avez donnée à ma ruche après l'avoir soumise à l'épreuve, de la correspondance particulière dont vous m'avez honoré. Cela m'a encouragé, j'ai agi avec plus de confiance, j'ai fait des essais qui m'ont conduit à des résultats satisfaisans, notamment sur la manière de faire des essaims artificiels. Le présent que vous avez bien voulu me faire d'une de vos ruches à feuillets est inappréciable. Je la placerai sur ma croisée à Paris, au milieu de cette capitale immense; les curieux pourront venir voir les Abeilles

a

par les vitrages, juger combien elles savent surmonter les obstacles, et leur donner l'affection qu'elles méritent.

J'ai appris que vos observations sur les Abeilles se réimprimaient à Genève; cet Ouvrage qui ne se trouve plus, est vivement désiré; il ne peut qu'augmenter les appréciateurs du vrai mérite.

Je suis avec autant de vénération que de respect,

MONSIEUR,

Votre très-humble serviteur,
LOMBARD.

INTRODUCTION

CONTENANT LE TABLEAU PROGRESSIF DE NOS CONNAIS-
SANCES SUR LES ABEILLES, DEPUIS DÉMOCRITE
JUSQU'A NOUS.

Les anciens, en remontant jusqu'à *Démocrite*, qui vivait 460 ans avant l'ère chrétienne, se sont plus occupés de l'histoire naturelle des abeilles que de leur partie économique; la plupart de leurs écrits se sont perdus; on en retrouve seulement les traces dans deux ouvrages du dix-septième siècle, dont l'auteur est Alexandre de Montfort, *capitaine du service de Sa Majesté Impériale et Catholique*, né dans le pays de Luxembourg.

L'un de ces ouvrages a pour titre : *Le Portrait de la Mouche à miel, ses vertus, formes, et instructions pour en tirer du profit*, imprimé à Liége en 1646. L'autre, imprimé à Anvers en 1649, est intitulé : *Le Printems de la Mouche à miel, divisé en deux parties, où on voit la description curieuse, véritable et nouvelle de la conduite admirable et naturelle de l'Abeille, faite de la seule main de l'expérience.*

De Montfort porte à cinq ou six cents le nombre des auteurs qui, avant lui, avaient écrit sur les abeilles; il en cite quelques-uns, tels qu'*Aristée, Aristomaque, Galen, Menus, Misald, Philistrius, Solin, Jean de Liban, Los-Duchesne*, etc., etc., dont, encore une fois, les ouvrages nous sont inconnus. Il en cite aussi dont nous avons les écrits, tels qu'*Aristote*, *Columelle*, *Varron*, *Moufet* (1), *Aldravande* (2), etc., etc.

Les écrits de *de Monfort* sont précieux en ce qu'ils réunissent les rêveries des anciens et quelques traits de lumière. Les uns croyaient que les abeilles naissaient du suc le plus pur qu'elles pouvaient tirer des meilleures fleurs pendant le beau tems, et qu'elles apportaient à leurs pates; d'autres, qu'elles naissaient d'animaux étouffés. Ils connaissaient la reine-abeille, mais ils la qualifiaient de *Roi*, qui sortait d'une fleur ou d'un animal plus distingué que celle ou celui d'où sortaient les abeilles communes; ils regardaient les faux-bourdons ou mâles comme mouches fainéantes, inutiles et mêmes nuisibles, bonnes à exterminer : ils les nommaient *frelon* ou *fulon*, *mouche d'une taille mal composée*. Lorsqu'ils voyaient deux reines dans un essaim, ils croyaient que l'une des deux était un *faux roi*, un *tyran*; ils le nommaient aussi le *prince brouillé, qui jouait de la flûte pour tâcher de détourner les abeilles*, mais dont elles faisaient justice.

De Montfort et ses devanciers attribuaient aux abeilles une architecture qui passait celle d'*Archimède*. Ils leur donnaient encore de la prévoyance; ils parlaient de leur science en mathématique, en arithmétique, en géométrie, en astrologie, en logi-

(1) *Thomas Moufet*, médecin à Londres, mort vers 1600, connu par un ouvrage écrit en latin, intitulé : *Theatrum insectorum. Londini*, 1634, *in-fol.* avec fig.

(2) Célèbre professeur de médecine à Bologne, l'un des auteurs qui ont le plus travaillé à l'histoire naturelle. Ses travaux sont presqu'incroyables, ils contiennent treize volumes *in-folio*; ce qui ne l'enrichit pas, car il mourut aveugle à l'hôpital de Bologne, à l'âge de 80 ans.

que, en philosophie, en peinture, en poésie, en musique, en pharmacie, en médecine, en chimie, etc.

En médecine, par exemple, les abeilles pulvérisées et prises en breuvage, soulageaient les maladies d'estomac et vomissement; elles aidaient à la dyssenterie, elles diminuaient les lentilles au visage; incorporées dans de l'huile de noix, elles faisaient renaître le poil perdu, etc. Le miel était un remède universel; il purgeait la mélancolie, la colère, le sang corrompu; il aidait ceux qui avaient courte haleine, toux invétérée, mal de côté, goutte sciatique, ventosité de ventre; il remettait le troublement d'esprit, la santé perdue par vieillesse, famine ou maladie, etc.

Parmi les auteurs cités, il faut distinguer *Moufet*, qui avait dit : *que l'abeille s'engendrait par copulation, que le mâle et la femelle s'en allaient trouver dans les bois, bien loin à l'écart, tellement que personne ne les avait jamais vus.* Hardie conjecture, dit *de Montfort*, qui n'est fondée ni en preuve, ni en apparence.

Ceux qui, dans le dix-septième siècle et au commencement du dix-huitième, ont écrit après *de Montfort*, ont répété ses rêveries, se sont emparés de sa gravure : on la voit encore dans la onzième édition de la *Maison rustique*; c'est celle dans laquelle est une figure d'homme qui veut mettre un essaim dans un sac.

En terminant sur les anciens, je ne puis m'empêcher de citer encore *Platon*, qui disait que l'*abeille* avait quelqu'étincelle de la fureur céleste qui anime les poëtes; en conséquence il conseillait à ses disciples qui voulaient conserver leur repos, de n'irriter ni les *abeilles*, ni les poëtes.

À la fin du dix-septième siècle, parurent trois naturalistes célèbres, *Swammerdam*, médecin hollandais, *Maraldi*, astronome et de l'académie des sciences, et *Ferchault de Réaumur*, aussi de l'académie des sciences, qui, par leurs observations et leurs dissections, commencèrent à soulever le voile qui nous cachait une grande partie de l'histoire naturelle des abeilles; ils reconnurent que, parmi les abeilles, il y avait mâles et femelles, et dès-lors l'idée et la conjecture de *Moufet* dut paraître moins hardie.

Les écrits et les expériences des trois savans que nous venons de désigner, firent changer de langage sur les abeilles; on copia leurs ouvrages dans toutes les langues.

Parmi ceux qui, dans les derniers tems, ont écrit sur les abeilles, il faut distinguer *Schirach* (1), qui a découvert que les abeilles qui ont perdu leur reine, peuvent s'en procurer une autre avec des jeunes vers de leur sorte, en leur donnant une nourriture particulière; *Riems* (2), qui a reconnu qu'il y a des abeilles communes ouvrières qui pondent; *de Braw* qui a cherché à établir, par des expériences et des raisons spécieuses, que les œufs que pondait la reine-abeille étaient fécondés par les faux-bourdons à la manière des poissons; et enfin, *Butler* qui donnait un chant aux abeilles.

Les points éclaircis par ces écrivains, étaient que, parmi les abeilles, il y avait mâles, femelles, et point de neutres, sans pouvoir nous dire comment

---

(1) *Voyez* ci-après note 12, p. 109.
(2) *Voyez* ci-après note 7, p. 102.

les reines-abeilles étaient fécondées; de Réaumur seulement avait cru voir, sans l'assurer positivement.

Telle est la seconde époque de l'histoire naturelle des abeilles.

A la fin du dix-huitième siècle, nous voyons un naturaliste aveugle, M. *F. Huber*, diriger *François Beurnens*, son domestique, avec une telle sagacité, que, d'après une multitude d'expériences, il résulte :

1°. Que la reine-abeille n'est point fécondée dans les ruches, mais dans les airs, ainsi que l'avait conjecturé *Moufet* il y a des siècles; ce qui conséquemment détruit le système de *de Braw*.

2°. Que le *pollen* que l'on avait désigné jusqu'à lui sous le nom de *cire-brute*, n'est point la matière première de la cire, et qu'elle est la nourriture des abeilles au berceau.

3°. Que c'est la partie sucrée du miel qui produit la cire dans le corps des abeilles, qu'elles en tirent même du sucre.

On le voit confirmer les découvertes de *Schirach* et de *Riems*; et enfin on le voit découvrir que les jeunes reines font un claquement qui frappe les abeilles d'immobilité.

On voit nos savans répéter les expériences de l'immortel Aveugle, et les confirmer.

Telles sont les trois époques les plus importantes de l'histoire naturelle des abeilles.

C'est au milieu de ses richesses qu'au commencement de ce siècle, la Société d'Agriculture de Paris demanda un *Manuel sur l'éducation des Abeilles*, *destiné au simple Villageois, assez clair pour l'instruire, assez peu volumineux pour être acheté par lui*. Un auteur avait eu le bonheur de remplir les vues de la Société, et son ouvrage fut couronné en 1801; mais voulant perfectionner son écrit, l'auteur le redemanda à la Société qui le lui remit. En 1804, l'ouvrage fut rendu à la Société qui, l'ayant réexaminé, déclara ne pouvoir le reconnaître, parce qu'il ne convenait plus au simple villageois, ès-mains duquel la Société voulait le mettre.

Cette opinion n'étonne pas lorsqu'on considère l'ouvrage imprimé avec ses changemens.

L'auteur, prévoyant les observations qu'on pourrait lui faire sur la longueur de son écrit, semble s'appuyer de l'exemple de l'abbé *Bazin*, correspondant de l'Académie; il est vrai que l'abbé *Bazin* a fait un ouvrage sur les mouches à miel en deux volumes, aujourd'hui assommant par sa prolixité; mais *Bazin* trouve une première excuse, si on se reporte au tems où il a écrit, il y a plus de 60 ans. Quoique *Swammerdam*, *Maraldi* et *de Réaumur* eussent commencé à soulever le voile qui couvrait une grande partie de l'histoire naturelle des abeilles, les esprits étaient dans le doute, et dans cette position il était difficile à un écrivain qui voulait se faire entendre, de s'affranchir des longueurs et des prolixités; une autre excuse, c'est que la manière d'écrire de *Bazin* était celle de son tems, ainsi qu'on le voit par les œuvres de *de Réaumur* et de plusieurs académiciens ses contemporains. On peut dire encore pour *Bazin*, que ce sont les longs ouvrages sur les matières douteuses qui nous préparent non-seulement à les éclaircir, mais aussi à en faire de courts, lorsqu'on a familiarisé avec les matières qu'ils traitent; c'est sous ces rapports que nous avons des obligations à l'abbé *Bazin*.

L'auteur avait eu le bonheur de remplir les vues de la Société. Il semble qu'il devait en rester là; mais croyant mieux voir qu'une Société distinguée, il a refait son ouvrage; et en le refaisant, il a perdu une partie de la gloire qu'il s'était acquise, la fin qu'il s'était proposée, et a frustré la Société du plaisir qu'elle croyait avoir acquis de mettre un ouvrage utile entre les mains des habitans des campagnes.

Il faut espérer que dans une seconde édition l'auteur se rapprochera du texte qui a été couronné.

Tout ce que nous avons dit prouve que la multiplicité des ouvrages sur les abeilles, n'est pas une preuve que le sujet soit épuisé. Les amateurs peuvent encore écrire et varier les expériences. Les doutes sont levés en grande partie; la route est applanie, mais n'est pas encore sans épines.

On plante, on cultive des mûriers uniquement pour les vers à soie; on en recueille les feuilles avec de la peine et de la dépense; cultivons pour les abeilles, elles nous évitent la peine de cueillir ce qui leur est nécessaire.

Si nous avions, dit *Réaumur,* des campagnes couvertes de raisin, et que, faute d'ouvriers pour les cueillir, nous fussions forcés de laisser perdre cette abondante récolte, nous aurions raison de déplorer notre sort; pendant l'été nos campagnes sont couvertes de fleurs pleines de miel et de cire, et nous perdons ces revenus délicieux faute d'avoir assez d'abeilles qui savent seules faire cette récolte.

Les abeilles enfin sont une branche de l'économie rurale d'autant plus précieuse, qu'elle est à la portée des pauvres habitans des campagnes. Elle ne demande ni engrais, ni labours, ni semences; c'est dans ce genre qu'il est exactement vrai que l'on recueille sans semer.

Les changemens et les additions que j'ai faits dans cette cinquième édition, sont le résultat de mes observations, de mes expériences et des conversations que j'ai eues avec des amateurs et des propriétaires d'abeilles, depuis l'impression de la quatrième. Comme j'ai vu aussi diverses personnes ne pas faire assez d'attention à quelques points répandus dans mon Manuel, lesquels je regarde comme importans, j'ai cru convenable et même nécessaire de les poser en *Préceptes*. Je les réunirai après l'avertissement qui va suivre, et on les trouvera encore aux places qui leur conviennent.

AVERTISSEMENT.

J'ENTENDS encore quelques personnes révoquer en doute différens points de l'histoire naturelle des abeilles, découverts depuis plus de vingt ans par M. *Huber.* Comme il faut que ces doutes cessent, on trouvera dans cette nouvelle édition et dans les notes historiques qui sont à la suite, les citations qui indiquent les sources où j'ai pris ce que j'avance, et des gravures qui peuvent servir à faire construire des ruches qui mettront en état de vérifier les expériences faites. Croire après avoir vérifié, ou contredire, non plus par des mots, mais par d'autres expériences détaillées, c'est ce que les amateurs d'abeilles désirent. Jusqu'ici il n'y a point de contredits publics, cela ne suffit pas, il ne faut plus de doutes particuliers : il faut que sur ces points, la science demeure enfin fixée, à cause de son affinité avec la partie économique.

Quant à la partie économique, une longue expérience et des essais sans nombre m'autorisent à croire que plus on pratiquera ma ruche, plus on en sentira l'avantage ; mais je renie toutes celles qui ne seraient pas dans les proportions que j'ai données, parce que ces proportions ne sont pas indiquées au hasard ; elles sont le résultat de toutes sortes d'expériences comparatives. Je sais que dans un rucher un peu nombreux tous les couvercles ne sont pas annuellement également remplis par les abeilles, et qu'il y en a même qui restent vides : cela doit être attribué, non à ma ruche, puisque les couvercles qui ne sont pas remplis dans un tems, le sont dans un tems postérieur ; mais aux contrées plus ou moins abondantes en fleurs, aux saisons qui favorisent plus ou moins la sécrétion du miel, à la fécondité plus ou moins grande des reines de chaque ruche, fleurs, miel et fécondité qui augmentent, ou qui modèrent, ou qui ralentissent l'activité des abeilles-ouvrières. Quelques amateurs ayant prétendu que la communication entre le corps de ma ruche et son couvercle était trop resserrée, j'y ai remédié en donnant une autre forme au plancher, comme on peut le voir dans les gravures de cette édition.

Au surplus, j'ai la satisfaction de savoir qu'en général on n'est point arrêté par ces inconvéniens qui, encore une fois, sont étrangers à ma ruche, puisqu'on l'adopte de toutes parts, même chez l'étranger; j'en juge par quatre éditions de mon Manuel qui se sont rapidement écoulées, par les ruches sans nombre qui m'ont été demandées pour modèle et pour l'usage courant. Bien des personnes n'adoptaient pas ma ruche parce qu'elles ne pouvaient s'en procurer qu'à un trop haut prix, j'ai montré à les faire à qui l'a désiré, et je le montrerai encore : de plus j'ai consenti à en recevoir en dépôt, mais à deux conditions; la première, que le prix en serait modéré; la seconde, que les ruches défectueuses dans leur forme et leurs proportions ne seraient point admises au dépôt. Leur prix qui s'élevait de 9 à 12 fr. a été modéré à 5 fr. pour les modèles, et 4 fr. 60 c. pour les ruches courantes; elles sont tellement solides qu'elles dureront vingt et trente ans : on peut même les rapporter au dépôt, on en retirerait le même prix si elles étaient en bon état, quand même elles auraient servi. Dans les deux dernières années il en a été apporté plus de 800 au dépôt, et il n'en est point resté.

Dans différens départemens on désigne ma ruche par une dénomination qui m'est personnelle, on la nomme la *ruche Lombarde*; enlever les couvercles pleins, c'est *Lombarder les ruches*, etc.

Au n° 62 je parle du *surtout de paille* propre à couvrir les ruches et les mettre à l'abri des injures du tems, comme on peut le voir *pl. 2, fig. 7*. Ayant remarqué depuis peu, qu'en attachant la paille du côté et au-dessous des épis, l'eau des pluies était retenue par les fanes ou feuilles de la paille qu'on ne peut facilement enlever,

qu'alors cela donnait un poids considérable au surtout ;
qu'il était long à sécher, et pourrissait promptement, j'ai
cru devoir essayer de mettre les épis en bas en attachant la
paille du côté du gros bout, et retranchant les épis du côté
opposé ; cela m'a paru beaucoup mieux, l'eau ne séjourne
pas, le surtout est bien moins lourd lorsqu'il est mouillé,
et la paille sèche en peu de tems : je n'en ferai plus autrement ; quatre à cinq poignées de paille attachées du côté du
gros bout suffisent, au lieu de cinq à six, qu'il fallait en
attachant la paille du côté des épis.

Au n° 99 et suivans, je parle des essaims. Pendant l'impression de cette édition, un étranger m'a assuré que des
essaims allaient souvent se loger d'eux-mêmes dans des
ruches disposées çà et là aux environs du rucher, mais
que pour cela il fallait que les ruches eussent servi, ou au
moins qu'elles eussent été parfumées avec la fumée de deux
à trois petits morceaux de *propolis*, que l'on faisait brûler sur
une pelle ; qu'il fallait de plus que les ruches fussent sus-
pendues et tenues dans une position horizontale, c'est-à-
dire couchées, l'ouverture entre quelques branches d'arbres :
les abeilles s'y étant logées, on dépendait les ruches et on
les plaçait dans le rucher.

Au n° 100, je donne la manière de faire des essaims artificiels ; je me propose d'en faire annuellement au mois de
mai les *jeudis* et *dimanches*, à onze heures du matin : les
amateurs d'abeilles pourront venir voir combien cela est
facile.

Au n° 148, je donne une recette pour faire un sirop de
miel. Le sirop est bon, mais n'est pas assez réduit pour
se conserver. J'engage à le faire bouillir pendant le double
du tems prescrit, c'est-à-dire, pendant douze minutes ;
j'ai conservé du sirop fait de cette dernière manière d'une
année sur l'autre : il est vrai qu'il y a plus de diminution,
mais aussi il est d'une bien meilleure qualité.

Pour cette édition, j'ai fait faire de nouvelles gravures;
j'avais prié le graveur de suivre la description des figures

d'après le texte de l'ouvrage : il a cru bien faire en mettant plus de détails dans la pl. 1 ; comme cela ne s'accorde plus exactement avec le texte, je vais y suppléer.

1re pl., fig. 1re, c'est la *reine*; elle est bien reconnaissable, mais les proportions ne sont pas exactes; la partie postérieure de la *reine* qui tient au corcelet doit être aussi longue que toute l'abeille ouvrière; en mesurant avec un compas, on verra ce qu'il y manque.

Les trois *fig.* 7 représentent la ruche de M. *Huber*, vue de différentes faces, savoir de biais, en face et de côté; à celle de côté on voit le volet F qui est formé sur le vitrage. Ces ruches peuvent être placées ou sur une fenêtre, ou dans un rucher couvert, ou sur des supports décrits au n° 60, et dont on voit l'effet à la *pl.* 2. J'observe qu'il faut que la traverse plate et les pièces qui servent de surtout, s'enlèvent facilement afin de le faire sans tourmenter les abeilles. Lors de la dépouille, il faut avec la lame d'un couteau décoller doucement les châssis qu'on veut enlever.

J'observe enfin qu'il ne faut pas croire qu'en suivant ce que je prescris on réussira toujours. Dans quelque climat que ce soit, s'il survient une sécheresse, comme celle que nous avons eue aux environs de Paris pendant les mois de juillet et d'août 1812, les abeilles qui ne trouvent plus rien au-dehors, restent oisives dans leurs ruches; la ponte des reines est suspendue, les provisions des essaims de l'année sont bientôt consommées. La fin de la sécheresse ranimant les plantes, les fleurs qui surviennent ne sont pas suffisantes pour faire renouveler une ponte capable de rendre l'activité aux abeilles; les essaims faibles périssent, si on ne les secoure pas promptement. Peut-être entretiendrait-on une certaine activité dans ces ruches en leur donnant fréquemment, pendant la sécheresse, un peu de miel liquide sous leurs ruches après le coucher du soleil; c'est une expérience que je me propose de faire.

Je prie les personnes qui feront quelques observations importantes de m'en faire part, et si l'occasion s'en présente, je les nommerai avec reconnaissance.

PRÉCEPTES

RÉPANDUS DANS CETTE CINQUIÈME ÉDITION.

Au N° Ier, page 2. — *Si on ne veut plus étouffer les abeilles, et si au contraire on veut les voir prospérer et multiplier, il faut leur procurer des fleurs pour toute la belle saison qui, dans notre climat, finit avec le mois d'octobre, et pour l'avenir planter des arbres résineux.*

Au N° 57, page 48. — *Les couvercles des ruches doivent être convexes ou bombés, afin que les eaux des vapeurs qui s'élèvent au haut pendant l'hiver puissent trouver une pente pour descendre dans la circonférence le long des parois des ruches. Ces couvercles ne doivent pas avoir plus de 4 à 5 pouces de profondeur, afin de ne pas y trouver du couvain lors de la dépouille.*

Au N° 78, page 58. — *On court risque de ruiner absolument ses ruches quand on s'empare en trop grande mesure du miel et de la cire des abeilles. L'art de cultiver ces mouches consiste à user sobrement du droit de partager leurs récoltes, mais à se dédommager de cette modération par l'emploi de tous les moyens qui servent à multiplier les abeilles. Si on veut se procurer chaque année une certaine quantité de miel et de cire, il vaut mieux la chercher dans un grand nombre de ruches, qu'on exploitera avec discrétion, que dans un petit nombre, auxquelles on prendrait une trop grande partie de leurs trésors. Il faut toujours laisser une portion de miel suffisante pour l'hiver, car quoiqu'elles consomment moins dans cette saison, elles consomment cependant, n'étant point engourdies, comme quelques auteurs l'ont prétendu.* M. Huber.

Aux N°s 93 et 94, p. 64 et 65. — *On ne doit mettre en transvasement que les ruches qui sont* LOURDES *et* PLEINES, *parce qu'elles pourraient être* PLEINES *de rayons de cire et* LÉGÈRES *de miel. Dans ce cas, les abeilles passeraient la saison à amasser du miel dans les vieilles ruches, et ne travailleraient point dans les nouvelles.*

Au N° 100, p. 69. — *Dans tous les climats on peut se procurer artificiellement des essaims des mères-ruches huit à dix jours après y avoir aperçu des faux-bourdons.*

SOMMAIRE
DES QUATRE PARTIES
CONTENUES DANS CET OUVRAGE.

MANUEL

DES PROPRIÉTAIRES

D'ABEILLES.

PREMIÈRE PARTIE,

Indiquant les causes qui retardent la multiplication des abeilles, les moyens de les faire cesser, et partie de leur histoire naturelle nécessaire de connaître pour les bien soigner.

1. *Division de l'année des Abeilles.* Pour les abeilles, on doit distinguer trois saisons dans l'année. Dans la première, elles sont communément dans l'abondance ; la seconde étant presque sans fleurs, elles amassent peu et vivent souvent sur ce qu'elles ont amassé pendant la première ; lors de la troisième, elles sont sédentaires.

La première est celle du printems, qui, dans notre climat, finit au solstice d'été, fin de juin ; la seconde, commence en juillet et finit avec le mois d'octobre ; la troisième c'est l'hiver.

Dans bien des contrées on étouffe les abeilles après la première saison, parce qu'alors elles ont des provisions que l'on craint de voir évanouir pendant la seconde ; dans le petit nombre de celles où les abeilles ont des fleurs pendant la seconde, soit parce qu'elles y demeurent, soit parce qu'on les y transporte, elles sont conservées ; on les dépouille, il est vrai, après la première ; mais elles se restaurent pendant la seconde, et alors elles sont dans l'abondance pendant la troisième.

Je dépouille mes abeilles après la première saison ; ayant des fleurs pendant la seconde, elles réparent leur perte, et en entrant dans la troisième, mes ruches sont en général tellement lourdes, qu'il faut forces d'homme pour les porter.

« C'est une grande erreur de croire, dit M. *Huber*, que les abeilles peuvent se passer de nos soins dans notre climat; dans d'autres plus heureux, cela est ainsi, mais on risque beaucoup, dans celui que nous habitons, de les voir mourir de faim et de misère, quand on ne vient point à leur aide. »

Un climat plus heureux, c'est le nord de l'Europe; les étés y sont courts, mais les abeilles y sont alors dans une prodigieuse abondance par une espèce de miellée qui sort continuellement des feuilles des pins, des térébinthes, des mélèzes et autres arbres résineux. Dans nos Alpes, j'ai vu cette espèce de miellée sur les feuilles des mélèzes; ce sont de petits grains blancs très-sucrés dont les abeilles savent profiter.

Dans cette position, je crois devoir poser le précepte que voici :

PRÉCEPTE. *Si on ne veut plus étouffer les abeilles et si au contraire on les veut voir prospérer et multiplier, il faut leur procurer des fleurs pour toute la belle saison qui, dans notre climat, finit avec le mois d'octobre, et pour l'avenir, planter des arbres résineux.*

Afin d'arriver à ce point, il ne faut ni jardinier, ni parterre; je n'ai ni l'un ni l'autre. J'ai beaucoup d'élèves d'arbres verts ou résineux dont quelques-uns ont déjà de la force. Quant aux fleurs, il y en a une multitude de la seconde saison, qui ne demandent aucun soin. (*Voyez* n° 90.) Il n'y a pas une commune, ni de particulier dans l'Empire, qui ne puisse employer quelques portions de terres pour un objet aussi utile; des fleurs qu'ils procureraient à leurs abeilles pendant cette seconde saison, pourraient même tourner à l'avantage de l'agriculture (*V.* n° 66.). *Varron* croyait qu'en cultivant des plantes propres aux abeilles, on pouvait en tirer un très-grand profit; il donne pour exemple deux Espagnols du canton des Falisques, qui n'ayant qu'un champ d'un arpent, y établirent un rucher dont ils retiraient chaque année 2000 sesterces qui réduits en notre monnaie équivalent à 400 fr., etc.

J'engage les personnes qui veulent élever des abeilles, à

ne pas perdre de vue ce n° 1er, parce qu'il renferme la base de l'art de cultiver utilement ces insectes.

2. *L'art d'élever les Abeilles.* La pratique de l'art d'élever les abeilles, dit encore M. *Huber*, ne s'acquiert pas en un jour ; *cet art*, comme les autres, a son apprentissage, et il faut en passer par-là : c'est pour applanir les difficultés de *cet art*, que je parle au public. Je ne le fais qu'après m'être bien pénétré des écrits de M. *Huber*, à jamais célèbre, sûr de n'égarer personne avec un tel guide, et encore après une pratique de plus vingt années, couronnée de quelques succès.

Il est d'abord nécessaire de se familiariser avec les abeilles et de connaître partie de leur histoire naturelle, afin de leur donner des soins convenables.

3. *Moyens de se familiariser avec les Abeilles.* L'anglais. *Th. Mill*, surnommé *Wild-mann* (homme sauvage), qui, il y a une quarantaine d'années, a donné à Londres et à Paris le singulier spectacle de se faire suivre par les abeilles, dans son *Traité de l'éducation de ces insectes*, nous dit *que les abeilles semblent ne désirer que la paix et la tranquillité, d'où il s'ensuit*, ajoute-t-il, *qu'une personne qui s'est familiarisée avec elles, peut les gouverner comme il lui plaît, en s'en faisant craindre.* Je n'ai point de doute que les abeilles ne soient susceptibles *de crainte.* Les coups réitérés que l'on donne sur une ruche pleine, pour faire passer les abeilles dans une ruche vide, le prouvent ; c'est assurément *la crainte* qui leur fait quitter celle sur laquelle on frappe pour monter dans l'autre. Le linge que l'on met pour fermer la jointure des deux ruches abouchées ne sert à rien, les abeilles qui s'échapperaient seraient sans colère, mais saisies *de crainte*, ce qu'elles manifestent en se posant sur la ruche vide, et agitant leurs ailes ; la fumée fait le même effet ; d'un autre côté, ces insectes ne sont jamais agresseurs. « Ce n'est point pour l'attaque, dit M. *Huber*, mais seulement pour leur défense, que *l'abeille*, les guêpes, le frelon et toutes les mouches de cet ordre ont été armées d'un aiguillon empoisonné ; s'il en était autrement, la terre serait inhabitable pour tous les autres animaux ; l'homme lui-même, avec toute son industrie, ne saurait s'en mettre à l'abri : mais, grace à la bonne providence, nous n'avons

rien à redouter de ces insectes ailés qui nous entourent, et qui pourraient être si dangereux.... Pour vivre en paix avec les abeilles, continue M. *Huber*, il ne faut point les chagriner; si par hasard elles se posent sur vous et que cela vous gêne, il faut se contenter de souffler sur elles, et ne point les chasser avec la main. Une secousse trop brusque peut les mettre en colère; la peur qu'en ont certaines gens, leur font faire des soubresauts qu'elles prennent pour des hostilités. »

Lorsqu'on se sera bien convaincu de ces vérités, on ne craindra plus les abeilles, on les soignera avec plaisir; on parviendra même à les manier sans les irriter, en le faisant avec douceur. Ne sait-on pas que le moyen de rendre traitable et de cesser de craindre un animal quelconque, c'est de l'approcher doucement, de lui donner quelques soins et de tems à autre, des alimens de son goût; il se familiarise alors avec les personnes et les lieux qui l'environnent. Les animaux ont un instinct de connaissance; les abeilles en sont éminemment douées: elles connaissent leur ruche au milieu d'un grand nombre d'autres; elles distinguent leur reine; elles règlent leurs travaux sur sa ponte, elles s'aperçoivent de son absence, elles connaissent l'ami qui les soigne, elles se reposent avec sécurité sur lui; tous les auteurs l'attestent et les personnes qui s'y attachent en sont convaincues (1).

Ecoutez un auteur moderne qui, en palant des essaims, s'exprime ainsi: « Si autour du rucher vous avez eu la précaution de planter des arbres nains, il ne vous faudra ni les veiller, ni les suivre de l'œil, ni battre vos caisses et vos tambours (2), il ne vous faudra ni sable, ni poussière, ni armes à feu; cherchant le premier asile, elles se reposeront sur le premier arbre; elles vous attendront venir les prendre : mais si vous avez été si négligent à vos intérêts, les abeilles qui s'écartent de qui ne les aime pas, quitteront un maître ingrat, prendront vol vers les bois. Soyez pour elles si vous voulez qu'elles soient pour vous; elles reconnaissent un maître, et si vous n'en prenez nul soin, nul souci, elles ne vous connaîtront pas plus que le premier venu (3). »

Que les personnes craintives s'affublent bien les premières fois qu'elles approcheront de leurs abeilles, qu'elles

agissent *en silence* et avec *douceur* (4), elles seront bientôt
convaincues que l'affublement est souvent inutile.

Dans leurs mouvemens les abeilles ont un but ; si vous
vous voulez vous en convaincre, mettez du miel dans un
vase, tenez-le hardiment et *en silence*, à la proximité d'un
rucher, des milliers d'abeilles et même des guêpes accour-
ront ; leur but sera d'enlever le miel et pas une ne vous
piquera. Vous vous présenteriez les mains et même le
visage couverts de miel, que ce serait la même chose.

Il y a une colonne à Tine (5), à laquelle on attache les
voleurs nus jusqu'à la ceinture, après les avoir couverts de
miel : on les expose ainsi à l'ardeur du soleil ; les abeilles,
les guêpes, les mouches de toutes espèces, couvrent les
patiens, elles enlèvent le miel ; leur mouvement est assurément un supplice, mais les voleurs en sortent sans la
moindre piqûre.

Les abeilles d'un essaim qui quitte une ruche, ont un
vol incertain et peu élevé. Tenez-vous au milieu d'elles,
leur unique but étant de chercher à suivre leur reine, elles
ne vous feront aucun mal. Si leur vol est un peu long,
beaucoup se reposeront sur vos vêtemens.

Entouré d'une famille nombreuse, j'ai inspiré une telle
sécurité, que tous approchent mes abeilles sans crainte ;
hommes et femmes recueillent les essaims bien placés,
c'est-à-dire, pendant à une branche, sans autres précautions que du silence et de la tranquillité.

Une jeune personne avait peur des abeilles, elle en a été
guérie par le fait que voici : Un essaim part, la reine
s'abaisse à quelque distance du rucher ; j'appelle cette
jeune personne pour la lui montrer. Je prends cette reine,
la jeune personne veut l'avoir ; je lui fais mettre ses gants
et la lui donne. Nous sommes bientôt entourés des abeilles
de l'essaim ; je la retiens fermement et l'engage à rester
tranquille et en silence ; je lui fais étendre la main droite
dans laquelle était la reine, je reste à côté d'elle ; on m'apporte un grand fichu très-clair, avec lequel je lui couvre la
tête et les épaules. L'essaim est bientôt attaché à sa main,
d'où il pendait comme à une branche d'arbre. La jeune
personne était au comble de la joie, et si rassurée, qu'elle
me dit de lui découvrir le visage. Tout le monde était
accouru, c'était un spectacle charmant. J'apportai une

ruche, et en secouant la main, l'essaim fut logé sans accident.

Mais lorsqu'on veut toucher à l'intérieur des ruches, il faut en approcher, tenant un linge en forme d'andouille, lié avec un fil de fer, attaché après un court bâton, et le présenter fumant à l'entrée et sous les ruches que l'on attaque; les abeilles fuiront aussitôt et se livreront à un bruissement qui annonce leur *crainte*. Lorsqu'on a fini, on se retire et les abeilles se remettent bientôt du trouble qu'on a excité; cela est infaillible (6).

4. *Des peuplades d'Abeilles.* Les abeilles qui recueillent le miel et qui fabriquent la cire, vivent en sociétés nombreuses et travaillent en commun. Ces sociétés indépendantes les unes des autres, forment chacune une espèce de monarchie, dont un chef semble diriger les membres qui la composent. Ce chef, femelle de l'espèce, est bien distinct; on l'a nommé *la reine*.

Chaque société est composée d'une reine, d'environ 2000 mâles, et d'une quantité innombrable d'abeilles nommées ouvrières, qui sont des femelles, mais qui, dans le premier âge, n'ont pas reçu la nourriture propre à développer leurs ovaires (7).

Les abeilles adultes ne vivent que de miel dans leur ruche, ainsi que la reine et les faux-bourdons; elles vivent aussi extérieurement des matières sucrées qu'elles peuvent trouver.

5. *Description de la reine, du faux-bourdon, de l'abeille-ouvrière.* La reine a le corps plus long que les ailes, (*Voy. pl.* 1, *fig.* 1); elle est lourde au tems de sa grande ponte, se traîne à peine lorsqu'elle commence celle d'œufs de mâles, légère lorsqu'elle est finie, et en état de conduire le premier essaim (8); elle ne travaille point; elle a un aiguillon dont elle se sert rarement.

Le faux-bourdon est deux fois plus gros que l'abeille-ouvrière, (*Voy. pl.* 1, *fig.* 2); il est noir, a les extrémités du corps très-velues; il ne travaille point; dans le tems des essaims, il exhale une odeur qui se fait sentir à la proximité des ruches; il n'a point d'aiguillon.

L'abeille-ouvrière est petite, brune et velue, ses ailes sont aussi longues que son corps, (*Voy. pl.* 1, *fig.* 3);

les jeunes ont les ailes entières et un point blanc à l'extrémité du ventre. Les vieilles d'un an sont plus brunes, ont les ailes frangées, le point blanc est effacé ; à leurs dernières pates, elles ont une cavité dans laquelle elles apportent le pollen dans la ruche ; elles ont un aiguillon.

6. *Destination des reines-abeilles, leur vigilance.* Les *reines* ne travaillent point, elles sont sédentaires et destinées à peupler leur ruche. Leur ponte est proportionnée aux subsistances que les abeilles peuvent trouver dans la contrée qu'elles habitent, et dans chaque ruche, au nombre qu'elles peuvent soigner. Une grande ponte a lieu au printems, de tout cela les essaims plus ou moins forts et plus ou moins nombreux qui perpétuent les abeilles.

Les *reines* ont une telle aversion les unes envers les autres, même envers les jeunes reines leurs enfans, qu'il ne peut y en avoir deux en même tems dans une ruche, sans qu'elles se battent entre elles jusqu'à la mort d'une des deux.

Leur vigilance est telle, que si on frappe même modérement la ruche, ou la table sur laquelle elle pose, elle accourt à l'endroit intérieur où elle a entendu du bruit ; elle vient là comme pour en connaître la cause.

On ignore la durée de la vie des *reines;* sortant peu, elles ne sont point exposées aux dangers d'une vie errante.

7. *Destination des faux-bourdons, leur courte vie.* Ils ne travaillent point, ne vont point aux champs, se tiennent sur le couvain, sortent dans la chaleur du jour pour féconder les jeunes reines, qui sortent aussi dans le même moment ; il y en a une telle abondance que des propriétaires en détruisent une partie ; cela n'a point d'inconvéniens.

Aux mois de juillet et d'août les *faux-bourdons* sont chassés par les ouvrières, qui, après les avoir tués à coups d'aiguillon, les traînent hors des ruches ; cette destruction s'étend même sur ceux au berceau.

Il y a cependant des ruches où l'on aperçoit des *faux-bourdons* en septembre, octobre, et même pendant l'hiver ; cela a lieu dans les ruches privées de reine, dans celles dont les reines sont vierges, stériles ou infirmes, et dans

celles dont les reines ne pondent que des œufs de mâles ;
c'est un signe de désorganisation ; ces peuplades abandonnent leur ruche au printems, quoiqu'il y ait encore du
miel. *Réaumur* a fait des observations sur de pareilles
ruches ; il les perdit toutes de la même manière : on peut
prévenir la perte des abeilles de ces ruches en les réunis-
sant en septembre ou octobre à de bonnes ruches. (*Voyez*
n° 130.)

8. *Destination des Abeilles-ouvrières, leur activité, leur
connaissance, leur attachement pour leur reine.* C'est l'a-
beille-ouvrière, dit M. *Latreille* (dans son *Histoire des
Insectes*), qui rassemble goutelette par goutelette cette
liqueur si agréable connue sous le nom de miel, travaillant
moins pour la conservation de sa propre existence que
pour celle de ses semblables, pour la prospérité de l'état ;
elle a reçu de la nature la qualité de tutrice, de nourri-
cière, et tous ses efforts ne tendent qu'à remplir cette tâche
si pénible : une famille au berceau a été confiée à sa tendre
sollicitude, la garde de ce précieux dépôt est tout ce qui
l'occupe, tout ce qui fait ses plaisirs, etc. ; et en effet, les
ouvrières ont toutes les charges de leur société. Les unes
apportent à leurs pates de la *propolis*, pour enduire l'intérieur de leur ruche ; d'autres vont récolter le miel pour la
subsistance commune et avec lequel elles fabriquent la cire
pour la construction, les réparations et l'entretien de leurs
édifices (9) ; d'autres enfin apportent du pollen qui est la
poussière fécondante des fleurs, pour nourrir les petits de
leur reine (10). Les jours où il y a du miel dans les fleurs
et sur les feuilles de certains arbres, les abeilles qui en
font la récolte en reviennent remplies, ce que l'on reconnaît à leur abdomen alors cylindrique. M. *Huber* les a
désignées par *abeilles-cirières*. Le ventre des autres qui arrivent avec du pollen à leurs pates, conserve la forme
ovoïde ; il les a désignées par *abeilles-nourrices* (11). Les
jours où il y a beaucoup de miel, les abeilles-cirières, en
revenant des champs, ne se donnent pas le tems de monter
au haut des ruches le miel qu'elles apportent ; elles le déposent dans les alvéoles inférieurs, mais ensuite elles le
montent dans les alvéoles supérieurs. (*Voyez* n° 12.)

Si la reine d'une ruche périt, ou si elle en est enlevée,
et qu'il y ait des vers de trois jours et au-dessous, les

abeilles-ouvrières ont la faculté de se procurer une autre reine, en donnant à ces larves une nourriture propre à ce développement (12). Pendant la belle saison elles entretiennent nuit et jour une garde à l'entrée de leur ruche, examinant et touchant avec leurs antennes tout ce qui se présente. Parcourant continuellement leur intérieur, pour veiller à la garde de leur trésor, elles y font régner la propreté, en n'y faisant jamais d'ordures, et la salubrité, en jetant dehors les vers, les nymphes mortes, les cadavres des abeilles, les teignes, etc., et pour prévenir toute mauvaise odeur, elles couvrent et pour ainsi dire embaument avec de la propolis les animaux qui se sont introduits dans leur ruche, après les avoir tués à coups d'aiguillon, lorsqu'avec leurs forces réunies, elles n'ont pu les traîner dehors (13).

La preuve que les abeilles savent ce qui se passe dans leur ruche et qu'elles agissent en conséquence, ainsi que de l'attachement pour leur reine, est si bien décrite par M. *Huber*, que je me permets d'emprunter son langage.

« Lorsqu'on enlève la reine d'une ruche, les abeilles ne s'en aperçoivent pas d'abord ; elles n'interrompent point leurs travaux.... Mais au bout de quelques heures, elles s'agitent, tout paraît en tumulte dans leur ruche ; elles quittent le soin de leurs petits, courent avec impétuosité sur la surface des gâteaux, et semblent en délire ; je ne doute point que cette agitation ne provienne de la connaissance qu'ont les abeilles de l'absence de leur reine, car dès qu'on la leur rend, le calme renaît au milieu d'elles à l'instant même. Ce qu'il y a de singulier c'est qu'elles *reconnaissent* leur reine, car si on substitue une reine étrangère, l'agitation continue, les ouvrières l'entourent et la retiennent captive dans un massif impénétrable, pendant un espace de tems si long, que pour l'ordinaire, cette nouvelle reine y succombe ; mais si on attend vingt-quatre ou trente heures pour substituer à la reine enlevée, une reine étrangère, celle-ci sera bien accueillie et regnera à l'instant.

Le 15 août 1791, dit M. *Huber*, j'introduisis dans une de mes ruches vîtrées une reine féconde âgée de onze mois. Les abeilles étaient privées de leur reine depuis vingt-quatre heures, et pour réparer leur perte, *elles avaient déjà commencé à construire douze cellules royales*. Au moment où je plaçai sur le gâteau cette femelle étrangère, les abeilles qui se trouvèrent auprès d'elle, la touchèrent de leurs antennes, passèrent leur trompe sur toutes les parties de son corps, et lui donnèrent du miel; puis elles firent place à d'autres qui la traitèrent de même. Il en résulta une espèce d'agitation qui se communiqua peu-à-peu aux ouvrières placées sur les autres parties de cette même face du gâteau, et les détermina à venir reconnaître ce qui se passait sur le lieu de la scène. Elles arrivèrent bientôt, franchirent le cercle que les premières venues avaient formé, s'approchèrent de la reine, la touchèrent de leurs antennes, lui donnèrent du miel, et après cette petite cérémonie, se placèrent derrière les autres et grossirent le cercle. Là elles agitèrent leurs ailes, se trémoussèrent sans désordre, sans tumulte, et comme si elles eussent éprouvé une sensation qui leur fût agréable. Pendant que les faits que je viens de décrire se passaient sur la face du gâteau où j'avais placé cette reine, tout était resté parfaitement tranquille sur la face opposée. Les abeilles travaillaient avec beaucoup d'activité à leurs cellules royales. Elles soignaient les vers royaux, leur apportaient de la gelée. Enfin, la reine passa de leur côté, elle fut reçue de leur part avec le même empressement qu'elle avait éprouvé de leurs compagnes sur la première face du gâteau, et ce qui prouve qu'elles la traitèrent en mère, *c'est qu'elles renoncèrent, tout de suite, à continuer les cellules royales, qu'elles enlevèrent les vers royaux et mangèrent la bouillie qu'elles avaient accumulée autour d'eux.* Depuis, cette reine *fut reconnue de tout son peuple* (14).»

J'ajoute que si on sépare des abeilles de leur reine, elles cherchent à la rejoindre. Si elle meurt sans que les abeilles-ouvrières puissent la remplacer, la ruche est bientôt mise au pillage par les abeilles et autres insectes qui y accourent; il faut alors se hâter de l'enlever pour en sauver les débris (15).

Enfin, une année ou deux, d'après quelques expériences de *Réaumur*, paraît être le terme de la vie des abeilles-ouvrières.

9. *Fécondation et bonne ponte des Reines.* Dans la ruche, les mâles ont une parfaite indifférence pour les reines, ordre admirable, car s'il en était autrement, y ayant

pendant un tems de l'année dans chaque ruche 1500 à 2000 mâles, la reine n'aurait pas de repos, tous la rechercheraient et ne lui laisseraient ni le tems de prendre des alimens, ni celui de pondre : leur rencontre et l'accouplement a lieu hors la ruche, en volant, et dans le vague de l'air; cela est ainsi dans presque toute la famille des mouches (16). Les naturalistes, dit M. *Huber*, avaient toujours été fort embarrassés à expliquer le nombre des faux-bourdons qui se trouvent dans la plupart des ruches, et qui ne paraissent qu'une charge dans la communauté des abeilles, puisqu'ils n'y remplissent aucune fonction; mais aujourd'hui on peut entrevoir l'intention de la nature en les multipliant à un tel point : puisque la fécondation ne peut s'opérer dans l'intérieur des ruches, et que la reine est obligée de voler dans le vague de l'air pour trouver un mâle qui puisse la féconder, il fallait que ces mâles fussent en assez grand nombre pour que la reine eût la chance d'en rencontrer un : s'il n'y eût eu dans chaque ruche qu'un ou deux faux-bourdons, la probabilité qu'ils en sortiraient au même instant que la reine, et qu'ils se rencontreraient dans leurs excursions, eût été bien petite, et la plupart des reines seraient restées stériles (17). Suivant l'ordre naturel, les jeunes reines doivent recevoir le mâle depuis le sixième jusqu'au vingtième jour après leur sortie de l'alvéole. Un seul accouplement les rend fécondes pour deux ans au moins; quarante-six heures après l'accouplement, les reines commencent leur ponte par des œufs d'où doivent sortir des abeilles-ouvrières. Cette ponte dure onze mois, y compris le tems qu'elle est suspendue par les froids; elle est toujours proportionnée, comme nous l'avons dit, aux subsistances que les abeilles peuvent trouver dans la contrée. Au onzième mois environ, ce qui, dans notre climat, arrive en mars ou avril, les reines grosses et lourdes commencent leur ponte de mâles; vingt jours après cette ponte commencée, les ouvrières construisent des cellules royales dans lesquelles les reines, sans discontinuer leur ponte de mâles, déposent à un, deux et trois jours de distance entre eux, des œufs d'où doivent successivement sortir des reines.

Lorsque la ponte des œufs de mâles est finie, les reines sont légères et en état de conduire le premier essaim annuel de chaque ruche, comme nous l'expliquerons, pour aller continuer ailleurs leur ponte d'abeilles-ouvrières.

10. *Ponte viciée.* Les jeunes reines peuvent également recevoir le mâle, passé le vingtième jour de leur sortie de l'alvéole; elles pondent aussi quarante-six heures après l'accouplement; mais leur ponte est viciée au point qu'elles ne pondent plus que des œufs de mâles : inhabiles à peupler les ruches où elles se trouvent, elles sont bientôt abandonnées par les ouvrières, l'on ne trouve alors dans ces ruches que du couvain de faux-bourdons; heureusement que ce cas est rare.

11. *Le couvain.* On nomme *couvain* la progéniture de la reine. Cette reine pond ; de l'œuf éclot un ver blanc que l'on nomme *larve*, qui file autour de lui une coque, puis se change en une chrysalide blanche (*nymphe*). Peu après, cette nymphe prend la couleur et la consistance des abeilles que nous voyons. Dans la belle saison, l'abeille-ouvrière est formée, et peut prendre son vol le ving-troisième jour, à compter du moment de la ponte. Le mâle prend son vol le vingt-septième, et la reine dès le seizième. Ces développemens sont plus longs dans les ruches médiocrement peuplées, et pendant la saison tempérée ; ils sont suspendus pendant les froids.

Le *couvain* peut exister long-tems même hors des ruches et par le froid (18); cependant il y a du *couvain* qui avorte dans les ruches, les auteurs l'ont improprement nommé *faux-couvain* (*V.* n° 35).

Plus y a de *couvain* dans une ruche, plus les abeilles en sont ombrageuses, alors le moindre mouvement, la moindre nouveauté qui se manifeste près de leur ruche, les fait accourir en foule pour le défendre ; il faut dans ce tems les laisser tranquilles. Cette agitation se calme à mesure que le couvain diminue tellement, que des abeilles que dans un tems de l'année on a vues dans l'agitation, sont traitables et tranquilles lorsque ce couvain a pris son essort.

Cela est si vrai que si un essaim se jette dans une mère-ruche, il s'élève un combat terrible entre les deux peuples qu'on n'apaise qu'avec beaucoup de fumée ; mais si l'essaim se jette dans une ruche contenant un autre essaim logé depuis peu de tems, n'y ayant point encore de couvain, la réunion des deux peuples est paisible.

12. *Description des édifices des abeilles, leur destination.*
Ces édifices sont divisés en plusieurs gâteaux ou rayons placés dans une position perpendiculaire et parallèle entre eux. Au printems on distingue dans les ruches plusieurs espèces d'alvéoles ; ceux dans lesquels les reines prennent naissance , sont dispersés dans les parties moyennes et inférieures des ruches au nombre de quinze à trente. Les seuls qui soient dans une position perpendiculaire , si grands, que les abeilles-ouvrières y entretiennent les jeunes reines au milieu de l'abondance , et que leurs larves ne peuvent filer autour d'eux qu'une coque incomplète. Les alvéoles d'où sortent les faux-bourdons sont pareils à ceux d'où sortent les ouvrières , à la différence que les premiers sont plus grands et plus profonds. Ceux des faux-bourdons sont par centaines ; les autres sont innombrables. Ils sont tous couchés sur le côté , ayant une inclinaison presqu'insensible de l'entrée au fond ; ils sont si justes au contour du corps des uns et des autres , qu'ils n'en sortent qu'avec effort.

A l'époque de la grande ponte des reines , il semble qu'il y ait une espèce de désordre dans les ruches. On voit du couvain dans presque toutes leurs parties. Si la récolte est favorable, on y voit également du miel, mais à mesure que la saison avance , un ordre admirable se rétablit. La reine ne pond plus qu'au centre , comme étant le lieu le plus à couvert et le plus chaud, afin que le couvain puisse être conservé pendant l'hiver par les abeilles qui s'y tiendront groupées. Le miel épars est remonté et réuni ; la grande provision, qui est comme superflue , est placée au haut des ruches par les abeilles qui en agrandissent les alvéoles pour obéir à l'instinct qui leur fait placer cette provision dans le lieu le plus éloigné de l'entrée de leur demeure. Une autre provision est placée autour du centre pour la nourriture journalière , ainsi que du pollen pour celle du couvain , afin que les abeilles sans sortir du centre trouvent ce qui leur est nécessaire. Il ne faut cependant pas croire que les abeilles groupées au centre pendant les froids, se dérangent pour aller prendre l'aliment nécessaire à leur subsistance ; les abeilles alors qui sont dans la circonférence du groupe , prenant du miel dans les rayons qu'elles touchent, en donnent à leurs compagnes qui en rendent à leurs voisines, et ainsi de proche en proche, toute la peuplade s'alimente sans se déranger de la position nécessaire à sa conservation. Tels sont les résultats des observations de trois hommes célèbres (19).

13. *Matières que l'on trouve dans les ruches d'abeilles.* On y trouve une espèce de résine que l'on a nommée *propolis*, *la cire*, *du pollen*, *le couvain* qui est la progéniture de la reine, *le miel* et un résidu ou marc.

14. *La propolis.* Mot dérivé du grec, qui veut dire *avant la ville*, pour désigner que les abeilles en enduisent l'intérieur de leur ruche et en font une espèce de circonvallation autour de leurs édifices. Elles s'en servent aussi pour boucher les petites ouvertures qui leur sont inutiles, pour rapétisser l'entrée de leur ruche, et par-là se mettre à l'abri des injures de l'air, des excursions de leurs ennemis; elles en couvrent les cadavres des animaux qui se sont introduits dans leur demeure, et qu'elles ne peuvent jeter dehors, comme nous l'avons dit au n° 8.

La *propolis* est rouge ou jaune, elle noircit en vieillissant, elle est d'un goût un peu amère, elle donne une odeur aromatique, et par la distillation, on en obtient une huile essentielle très-suave (20). Si on en met sur des charbons ardens, elle exhale une odeur à-peu-près semblable à celle de l'aloës, elle s'amollit, et dans cet état elle ne se casse qu'après s'être alongée et être devenue mince comme un fil; on ignore où les abeilles prennent la *propolis* ou la matière avec laquelle elles la composent.

15. *La cire.* Les abeilles-ouvrières ont seules la faculté de transformer le miel et toutes autres matières sucrées en *cire* avec laquelle elles construisent leurs édifices. (*Voyez* note 9). Cette *cire* originairement blanche, est plus ou moins jaune en la retirant des ruches; l'art cherche à lui rendre sa blancheur, mais il y a des *cires* auxquelles on ne peut rendre qu'un blanc sale; telles sont en général les *cires* de France (21). On a fait toutes sortes d'essais sur cette matière; on est parvenu à la décomposer, mais alors ses principes sont tellement altérés qu'on ne peut lui rendre la qualité qui constitue la *cire*.

16. *Le pollen.* Les botanistes nomment *pollen* cette poussière fécondante portée par des filets qui entourent

l'aiguille ou pistil que nous voyons au milieu de toutes les fleurs simples, et que les abeilles dans la saison des fleurs, et lorsqu'il y a beaucoup de couvain dans les ruches, apportent continuellement à leurs pates. Le *pollen*, ainsi que nous l'avons dit, fournit le seul aliment qui convient aux petits de la reine; mais pour cela, il faut que cette matière subisse une élaboration dans l'estomac des ouvrières, pour être convertie en un aliment approprié au couvain, suivant le sexe, l'âge et le besoin.

17. *Le miel.* Cette substance est le principe immédiat de tous les végétaux, depuis l'herbacée jusques et compris les plus grands arbres. Elle semble destinée à nourrir les plantes dans leur enfance, comme le lait à nourrir les jeunes vivipares. Elle se retouve dans le tronc de certains arbres, comme le frêne (22), les baumiers; elle est dans la tige des herbacées, comme dans la canne à sucre, celle du maïs, les tuyaux de nos céréales. Elle est aussi dans des racines, comme dans la carotte, la betterave, le navet, la patate, l'ognon quand il est cuit, par excellence dans nos melons, dans nos fruits et aussi dans nos cidres, dans nos vins, avant qu'ils aient fermenté. Elle perce sur les feuilles des arbres de nos forêts et plus fréquemment et plus abondamment sur les mélèzes (23) et autres arbres résineux, et aussi sur les buissons de nos haies, les herbes de nos prairies, les épis de nos champs (24). Les excrémens du puceron sont du *miel :* vivant au milieu de ce fluide universel, les urines des hommes et celles des animaux en sont impregnées (25).

Les abeilles ne donnent point de qualité *au miel ;* elles l'enlèvent et le mettent en provision tel qu'elles le trouvent (26). Comme les productions de la nature sont infiniment variées, *le miel*, sa couleur, sa consistance, son odeur et son goût varient dans chaque contrée, tellement que les mêmes espèces de fleurs donnent différens *miels* suivant les cantons et les années plus ou moins sèches, ou humides. D'une même ruche on tire du miel de différentes qualités. Celui des alvéoles dans lesquels il n'y a point eu de couvain est moins âcre. Celui des essaims est supérieur à celui qui a été exposé pendant une année aux vapeurs des ruches; celui du printems est meilleur que celui de l'automne; un triage, une manipulation soignée, les vases, le local où on conserve le miel influent encore sur sa qualité (*Voyez* n° 137).

18. *Marc des ruches.* Ce *marc* est un amas des coques que les abeilles ont filées avant de passer de l'état de ver à celui de nymphe; lorsque la cire en est bien exprimée, ce *marc* n'est bon qu'à brûler.

19. *Lieux où se plaisent les abeilles.* Les abeilles aiment les forêts, les abris, le silence, les lieux secs, l'air pur, le voisinage des petites eaux. Il faut les éloigner des eaux découvertes, parce que le vent les jette dedans, et si elles n'ont pas autour d'elles des petites eaux, il faut leur en procurer, comme nous le disons au n° 92.

20. *Tems des travaux des abeilles.* Leurs travaux seraient continuels pendant la belle saison, si elles avaient toujours des fleurs dans l'étendue assignée par la nature pour leurs excursions (*Voyez* n° 21), et si ces fleurs avaient toujours du miel; mais comme la sécrétion de cette substance est soumise aux variations de l'atmosphère, souvent les *abeilles-cirières*, au milieu des fleurs sans miel, sont forcées de rester oisives; on ne voit alors que les *abeilles-nourrices* apporter du pollen. Les propriétaires peuvent remédier à ces inconvéniens autant qu'il est en eux, en prolongeant la saison des fleurs pendant toute la belle saison. (*Voyez* n° 1.)

21. *Étendue des excursions des abeilles.* Il y a une erreur généralement répandue, qui est celle de croire que les abeilles peuvent aller très-loin faire de la récolte. M. *Huber*, d'après une expérience précise, a reconnu que les rayons du cercle que les abeilles ont à parcourir ne s'étendent pas au-delà *d'une demi-lieue* environ. Les propriétaires d'abeilles doivent se régler là-dessus, et ne pas compter pour elles, sur les fleurs qui sont au-delà de ce cercle (27).

22. *De la chaleur et de ses effets sur les abeilles.* La chaleur intérieure des ruches, pendant la belle saison, est communément de 27 à 29 degrés, échelle de *Réaumur*, chaleur nécessaire pour la prospérité du couvain. Les abeilles savent la maintenir à ce point, par l'agitation variée de leurs ailes sur les organes de leur respiration qui

sont sous ces ailes. Elles la supportent encore à 30 et
31 degrés, mais à 32 et au-delà elles n'y peuvent tenir. Si
la chaleur s'élève subitement à 32, les abeilles s'enfuient
comme nous l'expliquerons (*voyez* n° 26); mais si elle
arrive insensiblement à ce point, elles sortent paisiblement
pour se tenir jour et nuit dehors, dessus et sous les appuis
des ruches, et y rester tant que la température intérieure
n'est pas supportable pour leur réunion : il n'y a alors en
mouvement que les abeilles nécessaires pour le service de
la ruche ; celles qui se tiennent dehors sont en groupe,
se tenant tranquilles, oisives, et accrochées les unes aux
autres par leurs pates qu'elles alongent pour se donner de
l'air entre elles. C'est souvent la faute des propriétaires qui
laissent leurs ruches découvertes, et par-là exposées à
l'action immédiate d'un soleil ardent. Pour prévenir cet
inconvénient, il faut les couvrir avec un surtout de paille
(*Voyez* n° 62), de manière à les garantir le plus possible
de l'ardeur du soleil : et si malgré cela les abeilles restent
dehors en grand nombre, dans la saison de leurs travaux
(*Voyez* n° 20), il faut faire ce qui est indiqué au n° 103.

23. *De l'humidité et de ses effets sur les Abeilles.*
L'humidité de nos hivers, jointe à celle qui s'exhale des
abeilles que la température retient dans leur ruche, est
leur plus grand fléau : elle fait moisir les rayons, donne la
dyssenterie, ou au moins occasionne un grand travail aux
abeilles pour ronger ce qui est gâté dans leurs édifices et
pour le réparer. On peut atténuer ces inconvéniens en plaçant les ruches pendant l'hiver dans l'endroit le moins
humide, le plus au nord que nous ayons autour de nous,
en les élevant à un pied (32 décim.) de la terre, en les
couvrant de bons surtouts, ou en les rentrant dans un lieu
clos, aéré et absolument obscur (*V.* n° 83).

24. *Des Abeilles pendant les grands froids dans le nord
et dans notre climat.* Ayant vu des personnes craindre
le froid pour les abeilles et des auteurs prescrire de les
tenir chaudement pendant l'hiver, j'ai cru devoir faire des
recherches propres à lever les incertitudes.

Dans une relation du voyage fait en Sibérie en 1733,
par *Gmelin*, pour faire des observations et des recherches
sur différens points de l'histoire naturelle de ces contrées,

rédigée par *Solnick*, médecin qui l'accompagnait, on trouve ce qui suit : « Quoique la ville de Casan soit plus méridionale que Pétersbourg, le froid y est cependant plus vif. Vers la fin de décembre, l'air paraît comme gelé et ressemble à un brouillard, lors même que le tems est le plus clair. Cette espèce de brume, ou plutôt cet air condensé, empêche la fumée de monter dans les cheminées ; l'humidité de l'haleine tombe en frimas sur le menton. Lorsqu'on ouvre une chambre, il se forme subitement une vapeur auprès du poêle, et dans la nuit, les fenêtres se couvrent d'une glace de trois lignes d'épaisseur. Etant un jour allé me promener par un beau tems (le 23 décembre), à quelques milles de cette ville (Casan), j'eus le visage, les doigts et les oreilles gelés, quoique je n'eusse pas été une demi-heure en chemin. J'employai le remède dont on se sert en pareil cas, je les frottai avec de la neige, et je fus guéri presqu'à l'instant. »

Malgré ce froid excessif, il y a beaucoup d'abeilles en Sibérie ; c'est le même *Solnick* qui va encore parler : « Sur la route de Casan à Catherine-Bourg, nous trouvâmes plusieurs arbres qui sont comme autant de ruches à miel. Les habitans creusent le tronc d'un tilleul, d'un tremble, ou de tout autre bois mou, de la longueur de cinq à six pieds ; à l'un des côtés ils font une ouverture de dix à douze pouces de long sur quatre de large, ils ferment cette ouverture avec une planche ajustée dans une coulisse, et ménagent des petits trous pour laisser entrer et sortir les abeilles. Ils mettent ces ruches sur le bord des bois et les pendent aux arbres avec des liens de jonc, pour empêcher que les ours ne mangent le miel, dont ces animaux sont très-friands. La cire et le miel que l'on en tire, font une branche considérable du commerce de Casan. »

Les journaux nous ayant dit qu'au commencement de 1809, le froid s'était élevé en Russie à 36 degrés échelle de *Réaumur*, j'ai demandé à un amateur d'abeilles de ces contrées, dont j'ai eu la visite, s'il avait entendu dire qu'après les grands froids qui avaient lieu dans sa patrie, les abeilles et même d'autres insectes eussent péri : il m'a assuré que jamais cela n'était arrivé, et que dans les étés qui succédaient aux grands hivers, il y avait en Russie autant d'abeilles qu'à l'ordinaire.

En parlant du commerce des Russes, un auteur polonais, *Zuski*, nous dit : « On trouve tant de miel et de cire dans les bois, qu'outre la quantité considérable qu'en employent les Russes pour leurs cierges et leur hydromel, ils en vendent annuellement aux étrangers plus de deux millions pesant. » (*Voyez* en les causes au n° 1.)

Une dernière preuve que les grands froids ne font point périr les insectes, est tirée de la relation du voyage fait en Laponie par un officier nommé par le roi de Suède pour accompagner les académiciens français envoyés dans le nord, pour mesurer le degré le plus septentrional. « Dans ces contrées voisines du pôle, dit cet officier, il y a trois mois de nuit continuelle en hiver ; le froid y est si vif, que l'esprit-de-vin se gèle dans les thermomètres ; lorsqu'on ouvre la porte d'une chambre chaude, l'air du dehors convertit sur-le-champ en neige la vapeur qui s'y trouve. A voir la solitude dans les villes, on croirait que le froid en a fait périr tous les habitans ; souvent le froid reçoit des augmentations si subites, que ceux qui y sont malheureusement exposés, y perdent les bras, les jambes, et quelquefois la vie. Dans l'été, il y a trois mois continuels de jour, et l'on est tourmenté *par des mouches de toute espèce*, dont quelquefois on ne peut se débarrasser qu'en brûlant du bois verd pour exciter beaucoup de fumée (28). »

Actuellement, parlons de notre climat : un hasard nous a fait connaître la température intérieure de nos ruches, au moment du plus grand froid que nous avons éprouvé dans le siècle dernier. *Dubost*, officier de gendarmerie, demeurant à Bourg (département de l'Ain), désirant connaître le degré de chaleur que conservent les abeilles dans leur ruche pendant l'année, fit faire des ruches vitrées, et dans leur intérieur, au centre, il plaça des étuis en bois d'un diamètre proportionné au volume des thermomètres qu'il avait dessein d'y enfoncer : ces étuis étaient parsemés de trous dans toute leur longueur. Il introduisit le thermomètre dans les ruches, par le milieu de la partie supérieure. Il fixa particulièrement son attention sur deux ruches : l'une laissée à l'air libre, l'autre placée dans une serre ; et pour avoir des points de comparaison, il plaça deux autres thermomètres hors de chaque ruche et à leur proximité. Muni de ces appareils, il visitait régulièrement ses ruches, malgré l'excessive rigueur du froid qui se fit sentir dans l'hiver de 1788 à 1789. La liqueur des deux thermomètres placés extérieurement, descendit progressivement *au-dessous* du point de congellation, tandis que ceux placés dans les ruches, restèrent à 20 degrés *au-dessus de glace*. Le jour du plus grand froid (31 décembre 1788), le thermomètre placé dans la ruche à l'air libre était toujours à 20 degrés *au-dessus de glace*, et celui qui était à sa proximité hors la ruche, marquait 20 degrés *au-dessous*, de manière qu'il y avait 40 degrés de différence ; à l'égard de ceux de la serre, le thermomètre hors la ruche était à 12 degrés *au-dessous de glace*, et celui du dedans de la ruche, qui la veille était à 20 degrés *au-dessus*, se trouva à 5 degrés *au-dessous*. Alarmé sur le sort des abeilles de cette ruche, il en examina l'intérieur, et vit que les abeilles avaient quitté le thermomètre et s'étaient retirées dans un coin de la ruche où *elles étaient fort vives* (29). Cela nous prouve deux choses, la première, que les abeilles réunies ne craignent pas les plus grands froids de notre climat ; la seconde, qu'elles ne sont point engourdies pendant les froids, ainsi que l'ont assuré différens auteurs. *Dubost* n'est pas le seul qui ait fait des remarques à cet égard ; M. *Huber* dit, p. 361 de ses observations, « que les abeilles sont si peu engourdies pendant l'hiver, que lorsque le thermomètre baisse en plein air de plusieurs degrés *au-dessous* de glace, il se soutient à 24 et 25 *au-dessus*, dans les ruches suffisamment peuplées. Les abeilles se serrent alors les unes contre les autres, et se donnent du mouvement pour conserver leur chaleur. »

En voilà assez pour rassurer les personnes raisonnables sur le sort de leurs abeilles relativement aux froids que nous pouvons éprouver ; faisons donc attention qu'en animant le ciron, le Créateur lui a donné ses moyens de conservation. Qui de nous doute de cette profonde vérité que nous a dite un de nos grands poëtes ?

> Aux petits des oiseaux il donne leur pâture,
> Et sa bonté s'étend sur toute la nature.

25. *Des causes qui influent sur le plus ou moins d'essaims chaque année.* Il y a des années et des contrées où on voit beaucoup d'essaims, et d'autres où on en voit peu. D'après ce que nous avons dit au n° 20, on doit concevoir que la cause principale de cette variation, est le plus ou moins de miel, soit dans les fleurs, soit à la portée des abeilles : c'est

cette substance plus ou moins fréquente et abondante, qui détermine l'époque de l'essaimage; c'est elle qui, au midi de l'Empire, procure des essaims plutôt qu'au centre et au centre plutôt qu'au nord et au couchant. Dans ces dernières contrées, les essaims ne paraissent communément qu'en juillet et août, parce que la sécrétion du miel s'y fait plus tard; leur printems a ses fleurs, mais elles sont sans miel suffisant pour déterminer le départ des essaims.

Tous les propriétaires d'abeilles savent qu'à l'instant où les essaims sont logés, ils travaillent à la construction de leurs édifices; or, ces édifices se construisant avec de la cire dont la matière est le miel, les essaims ne doivent sortir que pendant *les jours à miel*, en ayant le corps plein, parce que cette circonstance les force au travail, ce qu'ils ne pourraient faire, s'il n'existait pas de miel dans les fleurs.

Pourquoi les essaims ne sortent-ils point par les vents du nord? C'est parce que la sécheresse de ces vents empêche la sécrétion du miel ou l'absorbe. Ils sortent, au contraire, par les vents du midi, et sur-tout par les tems orageux, parce que l'électricité favorise la sécrétion de cette substance.

L'essaimage commencé, si la sécrétion du miel continue à se bien faire, les essaims continuent à sortir et ont bientôt rempli leur ruche d'édifices et de provisions; si elle s'arrête, les essaims ne sortent plus des mères-ruches, la construction des édifices de ceux sortis est suspendue pour n'être continuée que lorsque le miel reparaîtra dans les fleurs : cela doit faire sentir quel avantage on retire en procurant des fleurs aux abeilles pendant toute la belle saison, comme nous l'avons dit au n° 1, afin que chaque fois que le miel paraît dans les fleurs, les abeilles puissent reprendre et continuer leurs édifices et accumuler leurs provisions.

Une autre cause qui influe sur les essaims, ce sont les hivers doux, que nous contribuons encore à rendre plus doux pour les abeilles, en plaçant nos ruches dans le lieu et à l'exposition la moins froide que nous ayons autour de nous, ce qui accélère la ponte de la reine, tellement qu'en mars et en avril naissent les faux-bourdons et des jeunes reines qui, pour la prospérité des essaims, ne devraient naître qu'en avril et en mai : la saison n'étant point alors convenable à la sortie des essaims, les reines-mères détruisent toutes ou presque toutes les jeunes reines, comme leur

aversion les y porte et les essaims manquent. Le remède à ce
dernier inconvénient, c'est au mois de novembre de placer
nos ruches à l'exposition la plus froide que nous ayons autour de nous, et de les y laisser jusque dans les premiers
beaux jours de février, et pendant tout ce tems, les retenir
captives en leur laissant de l'air, parce que si elles sortaient
elles ne regagneraient pas leur ruche placée à l'ombre, ce
qui en ferait périr un grand nombre, et pour les remettre
dans le rucher, il faudrait choisir le jour d'un soleil brillant
et un tems doux, afin qu'elles pussent sortir sans danger
pour se vider et regagner leur ruche.

Il y a une troisième cause, c'est que pour donner des
essaims, il faut que les ruches soient bien peuplées: les
abeilles-ouvrières semblent même le savoir, car si la population n'est pas nombreuse, elles ne construisent point de
cellules royales au moment où la reine-mère fait sa ponte
de mâles, et n'y ayant point de jeunes reines, il ne peut y
avoir d'essaim; c'est le résultat d'une expérience faite en
grand par M. *Huber* (3o).

26. *Des essaims naturels.* Nous avons dit que la reine,
après sa ponte de mâles, pouvait voler avec facilité, ce qui
a communément lieu dans notre climat à la fin de mai et
dans le mois de juin; les reines-mères doivent partir alors
avec le premier essaim, si le tems le permet.

Pour la sortie des *essaims*, il faut qu'il y ait du miel dans
les fleurs, que le tems soit chaud et le soleil brillant: mais
si le tems ne leur permet pas de sortir, la reine-mère détruit
successivement toutes ou presque toutes les jeunes reines à
coups d'aiguillon, au défant de la coque incomplète qu'elles
ont filée dans les alvéoles qui les contiennent; les ouvrières
sont tranquilles spectatrices de cette destruction, parce
qu'elles laissent les reines fécondes libres dans leurs actions;
mais on peut les prévenir en faisant des *essaims artificiels*.
(*V.* n° 100.)

Il arrive dans les ruches, dit *Réaumur*, des événemens
dont nous ne sommes pas en état de savoir les causes, qui
mettent subitement toutes les mouches en agitation, qui
jettent le trouble par-tout. Qu'on soit auprès d'une ruche,
on y restera souvent pendant un tems considérable, sans
n'entendre qu'un léger murmure; mais tout-à-coup, on
entendra un bourdonnement considérale, les abeilles sem-

bleront être toutes saisies en même-tems d'une terreur pa-
nique, on les verra toutes quitter leurs ouvrages, pour courir de différens côtés, etc.

Ces événemens qui n'ont pu être découverts par *Réaumur*,
l'ont été par M. *Huber* ainsi qu'on va le voir.

Si le tems est propre au départ des essaims, l'horreur que
les jeunes reines, même au berceau, inspirent à la reine-
mère, la force de fuir, entraînant avec elle un grand nombre d'abeilles et de faux-bourdons, ce qui forme le premier
essaim; voici comment cela s'opère.

Le nombre des cellules royales dispersées dans la ruche
inspire à la reine une terreur qu'elle ne peut surmonter.
Tout-à-coup son agitation devient terrible, elle court des
unes aux autres pour détruire les jeunes reines qu'elles ren-
ferment; son impatience ne répondant point à ses désirs,
agitant ses ailes, heurtant les ouvrières, elle leur communique
son délire, tout se met en mouvement et la chaleur de la
ruche, qui est communément de 27 à 29 degrés, monte à 32.
Ne pouvant supporter cette chaleur subite, les abeilles, les
faux-bourdons et la reine se précipitent hors la ruche : c'est
ainsi que se forme le premier *essaim* annuel de chaque ruche.

Le 1er essaim parti, l'ordre de la ruche change. La première
reine qui sort de sa cellule, est celle de la ruche. Les ouvrières
entourent les autres cellules royales et en font une garde sé-
vère. D'un côté, elles retiennent les jeunes reines captives
dans leur alvéole et les y nourrissent, et de l'autre, n'ayant
aucune affection pour la reine encore vierge, lorsqu'elle
veut approcher des cellules royales, elles la chassent, la
mordent, la tiraillent au point que ne pouvant tenir à l'horreur que leur inspirent les cellules royales, elle s'agite, court
de tous côtés, communique son mouvement aux abeilles,
la chaleur monte à 32 degrés; pour s'en délivrer les abeilles
et la jeune reine désertent la ruche : c'est ainsi que se forment les deuxième, troisième et quatrième essaims, et lorsqu'il n'y a plus assez d'abeilles pour garder les cellules
royales qui restent, la première reine qui sort de son alvéole
détruit les autres et il n'y a plus d'essaims.

Lors de l'espèce de désordre qui accompagne le départ
des deuxième, troisième et quatrième essaims, il arrive que
des jeunes reines s'échappent de leur cellule, ce qui est
cause qu'on en voit quelquefois plusieurs à la superficie d'un

essaim fixé, sans que l'on doive en induire qu'il peut y avoir plusieurs reines libres en même tems dans une ruche ; lorsque l'essaim est logé, ces reines se battent entre elles jusqu'à ce qu'il n'en reste qu'une ; jamais les ouvrières ne se mêlent de ces combats.

Communément les jeunes reines sortent dès le lendemain de leur établissement, pour aller à la rencontre du mâle, et pondre quarante-six heures après.

27. *Nombre des essaims que peut donner chaque ruche par année, intervalle de leur sortie entr'eux.* Une ruche peut donner jusqu'à quatre essaims dans une année, mais il n'y a communément que le premier et le second qui soient bons, les autres sont faibles. Les propriétaires qui, dans ce cas, en réunissent deux et trois ensemble, font bien, parce que s'il y a des fleurs dans la contrée, et encore si le tems est favorable à la sécrétion du miel, ces ruches bien peuplées prennent bientôt de la force. Une ruche-mère peut donner quatre essaims dans l'espace de quinze à dix-huit jours. L'intervalle entre le premier et le second est communément de sept à dix jours, il est moins long entre le second et le troisième ; le quatrième part quelquefois le lendemain du troisième.

Un premier essaim en donne quelquefois un autre, un mois après son établissement. Les abeilles d'un essaim commencent par construire des cellules d'ouvrières, la reine fait une ponte de cette sorte qui dure environ douze jours ; pendant ce tems, les ouvrières construisent quelques gâteaux à grands alvéoles, dans lesquels la reine fait une petite ponte d'œufs de mâle, ce qui excite les ouvrières à faire quelques cellules royales dont la présence détermine un nouvel essaim, encore conduit par la reine-mère qui, en partant, laisse dans la ruche des jeunes reines au berceau dont une doit lui succéder.

28. *État des ruches après le départ des essaims.* Après la sortie des essaims, on a peine à concevoir comment les ruches restent peuplées. Lors du départ des essaims, les abeilles qui butinent dans la campagne, celles qui, au moment du départ et du tumulte, ont transpiré au point de ne pouvoir faire usage de leurs ailes mouillées, les jeunes abeilles encore blanchâtres, qui ne peuvent voler, celles qui naissent tous les jours par centaines, composent plus de moitié de la population actuelle de la ruche ; de manière qu'en général les abeilles qui restent

dans la ruche après le jet, suffisent pour les travaux nécessaires à sa prospérité ; cependant il y a des mères-ruches, qui sont tellement énervées par le départ des essaims, qu'elles périssent pendant l'hiver suivant, si on n'a pas eu l'attention d'augmenter leur population, ainsi que nous le dirons au n° 130.

29. *Des essaims artificiels.* Voyez n° 100.

30. *De la quantité de ruches que l'on peut avoir.* On ne doit multiplier les ruches qu'à proportion de la nourriture que les abeilles peuvent se procurer à une demi-lieue à la ronde de leur établissement. Dans les cantons où il y a des forêts d'arbres résineux, des bois, des montagnes couvertes de plantes aromatiques, des ruisseaux, des prairies, des bruyères, du sarrasin, etc., qui donnent de la miellée et des fleurs pendant toute la belle saison, il ne faut pas craindre de multiplier les abeilles, des centaines de ruches y trouveront d'abondantes récoltes ; par-tout ailleurs, si on veut voir également prospérer un bon nombre de ruches, il faut leur procurer des subsistances, comme on le dit aux n°s 1 et 91.

31. *Du nombre d'années pendant lesquelles on peut espérer conserver des ruches d'abeilles.* Lapoutre, dans son *Traité économique des abeilles*, assure en avoir vu une qui se soutenait depuis cinquante ans. *Duchet*, dans sa *Culture des abeilles*, dit en avoir conservé une pendant vingt-huit ans, encore ne périt-elle que par accident. En 1771, il en avait une de vingt-un ans. *Pequet*, de Noyon, en a conservé une pendant vingt-cinq ans. Je ne rapporte pas cela pour engager à conserver des ruches aussi long-tems ; je crois que les édifices des ruches doivent être renouvelés de tems en tems ; j'en donne les procédés au n° 93.

32. MALADIES DES ABEILLES. — *La dyssenterie ou le dévoiement.* C'est la plus grave maladie des abeilles. Dans l'état naturel, elles ne font jamais d'ordures dans leur ruche. Si elles y ont été renfermées ou retenues par le froid, dès qu'elles peuvent sortir, elles se vident et se débarrassent d'une matière d'un rouge jaunâtre, couleur naturelle de leurs excrémens. On connaît que les abeilles sont attaquées de la dyssenterie, quand on aperçoit dans et proche l'entrée des ruches, des taches larges comme des lentilles, d'une couleur presque noire et d'une odeur insupportable. Ce mal se

communique. Ces insectes, dans cet état, n'ayant pas assez de force pour retenir leurs excrémens, laissent tomber sur ceux qui sont placés dessous, une matière gluante qui gâte leurs ailes, bouche les organes de la respiration. Cette maladie est causée par une humidité concentrée dans l'intérieur des ruches, soit par leur forme, soit par la saison. (*Voyez* n° 52.) Afin de prévenir cette maladie, il faut laisser pénétrer l'air dans les ruches, pour en absorber l'humidité. Il ne faut point transporter les ruches dans un tems où les abeilles ne pourraient sortir après le voyage, parce que l'agitation ou l'exercice que leur a causé le mouvement du transport, leur ayant donné de l'appétit, il faut qu'elles se vident. Si cependant la maladie se manifeste, il faut se hâter d'y apporter remède en nétoyant les appuis et le bas intérieur de ces ruches, en donnant aux abeilles un sirop composé d'une partie de miel et de deux de vin vieux qu'on leur présente tiède sur une assiette, dans laquelle on ajoute une large croûte de pain grillée et imbibée de la liqueur, afin que les abeilles ne s'engluent pas (31).

33. *Le vertige.* Il a communément lieu depuis le 25 mai jusqu'au 25 juin. Les abeilles attaquées de cette maladie, tournent, vont et viennent sans cesse; elles ont le train de derrière si faible, qu'à peine peuvent-elles se soutenir : elles se traînent à terre et n'ont pas la force de s'envoler. On ne connaît point de remède à cette maladie, mais on peut en soupçonner la cause et en empêcher les effets. Il y a apparence que la fleur qui donne *le vertige* est de la classe des *ombellées* (32). Il est prudent d'éloigner des ruches les plantes de cette classe qui sont presque toutes suspectes (33).

34. *L'indigestion.* Afin de prévenir cette maladie, il ne faut rien donner aux abeilles hors leur ruche, par un tems froid, ni après-midi, parce qu'étant gorgées de nourriture, si la fraîcheur les saisit, ne pouvant rentrer, elles périssent.

35. *Le couvain avorté.* Des auteurs ont désigné cet accident par *faux couvain*, ce qui n'est pas exact, n'y ayant pas de *faux couvain*. Le *couvain avorte* par deux causes : la première, lorsque les abeilles donnent aux larves une mauvaise nourriture; la seconde, lorsque ces vers se trouvent placés dans leur alvéole la tête renversée; dans cette

position, les jeunes abeilles, hors d'état de pouvoir sortir de leur prison, meurent et se corrompent.

Les alvéoles qui contiennent le couvain en bon état, sont fermés par un couvercle en cire jaunâtre et un peu bombé; si le *couvain avorte*, le couvercle s'enfonce et noircit. Les abeilles savent, en général, s'en débarrasser avant qu'il se corrompe; mais si cet accident a lieu pendant l'hiver, on doit, lors de la visite des ruches en printems, extirper les rayons infectés.

36. *Ponte viciée des reines.* Voyez n° 10.

37. *La rougeole ou le rouget.* On a désigné cela comme une maladie des abeilles, quoique ce n'en soit pas une. C'est du pollen mis en provision par les abeilles dans des alvéoles, qui a pris une consistance telle qu'elles ne peuvent en faire usage. Comme les abeilles emploient beaucoup de tems pour s'en débarrasser en le rongeant peu-à-peu, on l'extirpera comme le couvain avorté.

38. *De l'homme et des animaux nuisibles aux abeilles.* L'homme aime l'abeille, mais c'est un dangereux ami par le peu de soin qu'il en prend, et sur-tout par le massacre qu'il en fait pour s'approprier ses provisions. Il faut espérer qu'on renoncera à cette cruelle habitude.

39. *Le rat, la souris, le mulot, le campagnol, la musaraigne de terre.* Ces animaux omnivores qui ont les mêmes inclinations, sont à-peu-près de la même forme. Le *rat* est le plus gros; la *musaraigne*, qui a le museau pointu comme celui d'une taupe, est la plus petite. En été les abeilles se préservent de ces animaux; mais peu vigoureuses pendant les froids, et réunies pour leur conservation commune, ces animaux en profitent lorsqu'ils peuvent atteindre les ruches, ils les rongent, les percent, s'y introduisent, dévorent la cire et le miel, et salissent le reste par leurs urines; il faut s'attacher à les détruire (34).

40. *Les araignées.* Il n'y a que les grosses *araignées* qui osent attaquer les abeilles arrêtées dans leur toile, encore le font-elles avec précaution; il faut aussi s'attacher à les détruire et briser leurs filets.

41. *Les guêpes.* Il y a des guêpes plus fortes et moins frilleuses que les abeilles. Ces guêpes saisissent les abeilles et les dévorent dans un instant. J'en ai détruit un grand nombre par deux moyens. J'ai enduit plusieurs tamis avec

du miel, et le matin, avant la sortie des abeilles, les tamis contenant beaucoup de guêpes, je les ai couvertes d'eau chaude. Pour les détruire sous terre, j'ai pris de la terre grasse, je l'ai délayée et coulée dans leurs trous, jusqu'à ce qu'ils soient pleins. J'ai de plus bouché leur sortie avec de la même terre, moins délayée, et j'en ai battu les places.

42. *Crapaud de terre. Dubost* et *Lapoutre*, ci-devant cités, attestent que les *crapauds* dévorent les abeilles qui passent la nuit sous les tables des ruches dans le tems des chaleurs. *Lapoutre* ajoute qu'il a trouvé vingt abeilles dans l'estomac d'un *crapaud*. Il faut s'attacher à les détruire, c'est pendant la nuit et sur des terrains frais qu'ils rodent.

43. *L'ours.* Ils sont rares en France, cependant j'en ai vu un dans les Alpes. Ils sont friands de miel, et lorsqu'ils aperçoivent des arbres creux dans lesquels il y a des abeilles, ils montent le long du tronc, et avec leurs pates ils en tirent tout ce qu'ils peuvent atteindre et le dévore. Dans les forêts du nord, on suspend contre le tronc des arbres où il y a des abeilles, un morceau de bois pesant. L'*ours* montant rencontre la pièce et l'écarte avec une de ses pates; mais retombant sur lui, il se met en fureur et l'écarte plus fort. Alors les coups violens et réitérés qu'il reçoit le tuent ou le font tomber (35).

44. *Les pics.* Espèces d'oiseaux qui tirent leurs noms de l'habitude qu'ils ont de faire des trous avec leur bec, pour trouver des vers qui sont entre le corps de certains arbres et leur écorce. Le bruit qu'ils font en frappant l'arbre, est entendu d'assez loin. Nous connaissons le *pic-vert* ou *pivert*, nommé aussi *pimart*, *pleu-pleu*, et vulgairement *toque-bois*. Nous connaissons encore le *grimpereau* ou *pic-noir*, *pic des murailles*, le *pic-varié* ou *épeiche*, etc.; lorsque ces oiseaux approchent des ruches, ils les transpercent et dévorent les abeilles. Ceci s'adresse aux propriétaires voisins des forêts, qui doivent plus particuliérement veiller sur leurs ruches pendant le tems que la terre est couverte de neige, époque où les animaux se servent de tout leur instinct afin de pouvoir subsister.

45. *La mésange*, vulgairement *pique-mouchet*. Cet oiseau, dont on connaît plus de vingt espèces, a un plumage bleu; il paraît en automne et s'éloigne au printems. Il se pose sur les appuis près l'entrée des ruches, et *Buffon*

dit qu'avec ses pates et son bec il grate et provoque les
abeilles à sortir, les saisit et les emporte pour les
dévorer. *Lapoutre* assure avoir vu sous un arbre, sur lequel
se posaient des *mésanges*, une quantité surprenante de
parties écailleuses des abeilles que ces oiseaux avaient laissé
tomber en les dévorant.

46. *La fausse-teigne* (36), est une chenille qui ronge
nos arbres, le papier de nos livres, ainsi que toutes les
matières inanimées qui sont à sa portée (37). Elle a une
prédilection pour la cire de nos ruches dans lesquelles elle
trouve une chaleur qui lui plaît, et qui favorise sa multiplication et sa croissance. Les édifices des ruches seraient
bientôt dévorés par cette vermine, si les abeilles ne s'op-
posaient à leur ravage, tellement que les teignes ne peuvent envahir que les ruches non surveillées par les abeilles,
et qui sont à leur déclin. Le papillon de cette vermine paraît autour des ruches dès le mois d'avril, et on continue à
le voir jusques et compris le mois d'octobre. Ce papillon est
du genre des phalènes qui ne volent que pendant une lumière douce, telle que celles de l'aurore ou du crépuscule,
ou pendant les nuits éclairées par la lune (38). Il porte les
ailes couchées, d'un gris obscur, avec de petites taches
noirâtres : il a les yeux d'une sensibilité si grande, que la
clarté l'éblouit, et il reste immobile dans le lieu où le jour
l'a surpris. Sa femelle profite d'une petite clarté pour s'introduire dans les ruches, et y déposer ses œufs contre des
rayons de cire. De chaque œuf éclot une chenille rase,
d'un blanc sale, ayant la tête brune et écailleuse. Elle
s'enferme dans un petit tuyau de soie blanche qu'elle colle
contre les rayons, et dans lesquels elle trouve sa nourriture
en alongeant la tête hors de son fourreau. Lorsque l'aliment lui manque, elle prolonge son tuyau, qui, n'étant
d'abord que comme un fil, devient insensiblement de la
grosseur d'une plume à écrire. Cette vermine étant par-
venue à son point de croissance subit la métamorphose commune à toutes les chenilles, elle quitte sa galerie, se retire
dans un coin de la ruche ou dehors, file une coque blanche, pour en sortir en papillon, s'accoupler, rentrer dans
les ruches et y déposer ses œufs. Pendant quinze à seize
ans, cette vermine m'a fait perdre annuellement environ le
quinzième de mes ruches; mais depuis 1806, j'ai recueilli

une série d'observations sur cette teigne, qui m'ont convaincu 1° que son papillon pénètre dans toutes les ruches
fortes et faibles, probablement à la faveur du mouvement
de ses ailes, ou par la célérité de sa course, car il court plutôt
qu'il ne marche; 2° que sa femelle ne pond jamais dans le
centre des édifices des abeilles, mais à leurs extrémités,
que là, cette chenille éclot, se loge et même grossit jusqu'à
un certain point, pendant la portion de l'année où, n'y
ayant point de couvain à soigner, les abeilles restent inactives au centre pour y maintenir la chaleur nécessaire à la
conservation commune; 3° que pendant ce tems, quelques-
unes de ces chenilles parviennent au moment de filer leur
coque dans les réduits qu'elles peuvent trouver à la base
intérieure de la circonférence des ruches, que les abeilles
apercevant ces coques les couvrent avec de la propolis, ce
qui n'empêche cependant pas le papillon d'en sortir. 4° Je
me suis encore convaincu qu'au printems, lors de la grande
ponte des reines, les abeilles reprenant leur activité et parcourant continuellement l'intérieur de leur ruche pour les
soins qu'exigent le nouveau couvain, et les provisions
qu'elles font alors, arrachent une grande partie des teignes
de leur galerie et les jettent dehors. (Il y a un tems, dit
Réaumur, où les abeilles paraissent faire la guerre aux
fausses teignes.) Mais l'activité des abeilles diminuant après
la grande ponte des reines, les teignes qui survivent, et
dont le papillon paraît pendant six mois de suite, se suc-
cèdent toujours en faisant leur ponte contre les rayons
éloignés du centre; enfin les reines périssant ou deve-
nant infirmes, les abeilles n'ayant plus de couvain à soigner, restant inactives et au centre, les teignes gagnent
peu-à-peu ce centre, dévorent sans obstacles les édifices,
et la cire est perdue. Je me suis confirmé dans mes observations par une expérience que j'ai faite en 1811 (39). Pour
remédier à ce mal, je n'engage pas à employer le procédé
indiqué dans la note, à moins que ce ne soit sur des ruches
contenant des rayons de l'année précédente, parce que
presque toutes les ruches, qui sont en dépérissement, ne
contiennent que de vieux rayons, dont les alvéoles épaissis
par l'usage qu'en ont fait les abeilles, doivent être plutôt
rejetés que conservés.

On a dit qu'il fallait mettre de la lumière auprès des ruches, où les papillons viendraient se brûler ; qu'il fallait arroser les ruches avec de l'urine ou avec du vinaigre salé, etc. ; tous ces remèdes sont impraticables, ou au moins imparfaits, en ce qu'il faudrait les réitérer pendant six mois de l'année : le seul que je sache, serait de donner une bonne reine à ces ruches, dont la présence ranimerait les abeilles qui sauraient bien arrêter l'invasion totale de la teigne ; au défaut de ce remède, j'engage les propriétaires à fixer leur attention sur les ruches dont les abeilles seraient dans l'inaction pendant que celles des autres ruches seraient en mouvement, et s'ils voyent cette inaction durer un certain tems, comme quinze jours, d'enlever ces ruches pour en sauver la cire qu'ils feraient fondre sans retard.

47. *Le sphinx à tête de mort.* C'est un grand papillon qui est aussi du genre des phalènes, et l'un des plus redoutables ennemis des abeilles, puisqu'il les effraye et qu'en peu de tems, peut-être l'espace d'une nuit, il enlève tout le miel qui devait alimenter les ruches pendant l'hiver. Ce papillon fait entendre un son aigu et plaintif qui, avec la tache de son corcelet représentant grossièrement une tête de mort, lui a fait donner son nom (4o), et attacher par le vulgaire des idées sinistres.

Ce papillon dont la chenille se nourrit de la feuille de pomme de terre, paraît au mois de septembre ; on le confond avec la chauve-souris, à cause de sa grandeur, et parce qu'il vole aux mêmes heures. Aussitôt que les abeilles s'aperçoivent de son approche, elles se mettent toutes en mouvement, et si elles en ont le tems, elles se retranchent dans l'intérieur de leur ruche, en rétrécissant l'entrée avec un mélange de cire et de *propolis* ; elles font quelquefois une double muraille, un chemin couvert, une porte secrète, des créneaux qui ne laissent le passage que pour une seule abeille. L'art qu'elles employent pour rendre inutiles les attaques de ce sphinx est tel, que les *Vaubans* y auraient trouvé des modèles (4i). Des observations suivies prouvent que les abeilles ne prennent ces précautions que lorsqu'elles sont menacées d'invasion. Comment, dit M. *Huber,* cette prévoyance a-t-elle été accordée à des êtres qui, à ce que nous croyons, n'ont pas reçu le don de l'intelligence ? De pareilles observations, ajoute un de ses correspondans, sont des hymnes continuels d'adoration adressés à l'auteur de toutes choses.

Au mois de septembre 1802, toutes mes ruches ont été presque fermées par les abeilles ; je ne savais à quoi attribuer cette singularité. Aujourd'hui que M. *Huber* nous en a fait connaître les causes, nous devons en prévenir les effets dans les cantons où la pomme de terre est cultivée en grand, en rétrécissant l'entrée de nos ruches dès le commencement de septembre avec le guichet décrit au n° 76, ci-après.

48. *De l'influence des ruches sur les travaux des abeilles.* Depuis plus de vingt ans que je m'occupe des abeilles, j'ai eu la visite de plusieurs auteurs qui ont écrit sur ces insectes, d'une quantité d'amateurs et de propriétaires ; j'ai reçu nombre de lettres de ceux qui demeurent dans l'étendue de l'empire. Les conversations et correspondances que j'ai eues avec les uns et les autres, tous les ouvrages anciens et nouveaux qui ont paru sur les abeilles, dont peu m'ont échappé, mes essais et enfin ma propre expérience m'ont convaincu d'une vérité que doivent regarder comme constante ceux qui ont ou qui veulent avoir des abeilles : c'est qu'en général, dans l'état naturel, il n'y a point et il n'y aura jamais de méthodes sûres pour se procurer à volonté de grosses récoltes de cire et de miel et de gros essaims ; ce sont des chimères après lesquelles il ne faut pas courir, parce que cela tient aux saisons plus ou moins favorables à la sécrétion du miel, aux contrées plus ou moins fleuries et boisées que les abeilles habitent et qui influent sur la fécondité des reines ; delà, cette différence annuelle entre les récoltes de cire et de miel et le plus ou le moins d'essaims. C'est ce qui est aussi la cause que ce qui réussit dans une année, ne réussit pas dans une autre, quoique les circonstances soient les mêmes en apparence. Ce sont ces différences, ce sont ces variations qui, depuis cinquante-cinq ans (42), ont fait imaginer des ruches de différentes formes et de différentes matières, qui ont seulement servi à nous convaincre que les abeilles peuvent se loger, travailler et amasser des provisions dans des vaisseaux de toutes les formes, depuis la *ruche* commune des vanniers, jusqu'au cuvier dont parle *Duhamel* (43) ; et à défaut de ruches dans des troncs d'arbres, dans des trous de murs, dans des cheminées, sous des toits. C'est cette espèce d'incertitude qui est aussi la cause que les amateurs d'abeilles se cherchent, se plaisent ensemble ; ils espèrent toujours, par cette communication, acquérir des connaissances qu'ils

croyent leur manquer. Cette espèce de fraternité est bonne en ce que les essais et les observations qu'ils ont faites et qu'ils se communiquent tournent au profit de cette branche d'économie rurale. Dans cette position, tout ce que nous pouvons faire aujourd'hui, c'est de parler des différentes formes de *ruches*, et de mettre les propriétaires en état de choisir celle qui paraîtra la plus facile à dépouiller sans détruire les abeilles, en leur laissant largement les provisions qui leur sont nécessaires pour vivre pendant la mauvaise saison; nous en parlerons dans la seconde partie de cet ouvrage. L'état naturel peut s'améliorer non-seulement en multipliant artificiellement les abeilles, comme on le verra au n° 100, mais aussi en semant, en plantant pour elles; avec ces moyens fort simples et tous agréables, nous verrons augmenter nos récoltes de miel et de cire.

SECONDE PARTIE.

DES RUCHES, DES RUCHERS, LEURS EXPOSITIONS, ET MOYENS EN GRAND DE MULTIPLIER LES ABEILLES.

49. *Les Ruches* sont les vaisseaux dans lesquels nous logeons les abeilles. Le choix d'une *ruche* est plus important pour nous que pour elles. Ces insectes travaillent, ainsi que nous l'avons dit, dans des vaisseaux de toutes les matières et de toutes les formes, mais il y a des *ruches* qui se prêtent plus ou moins aux soins qu'on doit aux abeilles et plus faciles à dépouiller les unes que les autres.

Le villageois se sert de la *ruche* d'une seule pièce; il en sent les inconvéniens, lorsqu'il se croit forcé de détruire les abeilles, pour avoir leur dépouille, mais il la conserve, parce que son père en faisait usage, parce qu'il en a contracté l'habitude, parce que les ouvriers qui sont autour de lui, n'en savent pas faire d'une autre forme.

Des amateurs ont cherché à sortir de la route commune, en imaginant des *ruches* de différentes formes; des idées en ont fait naître d'autres, de manière qu'aujourd'hui nous voyons parmi les propriétaires bourgeois différentes formes de *ruches*, tandis que le villageois reste immuable dans l'antique usage de la sienne.

Ce que nous avons à faire pour simplifier ce qui a rapport à l'éducation des abeilles, c'est de différencier ce que l'on confond, d'indiquer des *ruches* en usage et de choisir celle qui nous paraîtra la plus convenable. Nous croyons devoir en conséquence diviser les ruches connues en quatre classes; savoir : *la ruche simple, les ruches composées, les ruches à hausses, la ruche villageoise.*

50. *La ruche simple* est d'une pièce, a la forme d'une cloche; c'est la plus répandue: on ne peut la dépouiller sans étouffer les abeilles, ou sans les en *chasser*, moyen qui détruit le couvain, laisse les abeilles *chassées* au dépourvu, dans les cantons où il n'y a point de bruyères et où on ne cultive pas le sarrasin, et sur-tout si la saison qui suit l'époque de la *chasse* (juillet) est sèche, comme cela arrive communément dans notre climat.

Pl. 1.

Pages 6 et 35.

F. 6. F. 6. Fig. 3. Fig. 2. Fig. 1.

G F6

Fig 4.

Fig. 5.

Fig. 7.

Fig 5.

Fig. 7.

Fig. 7.

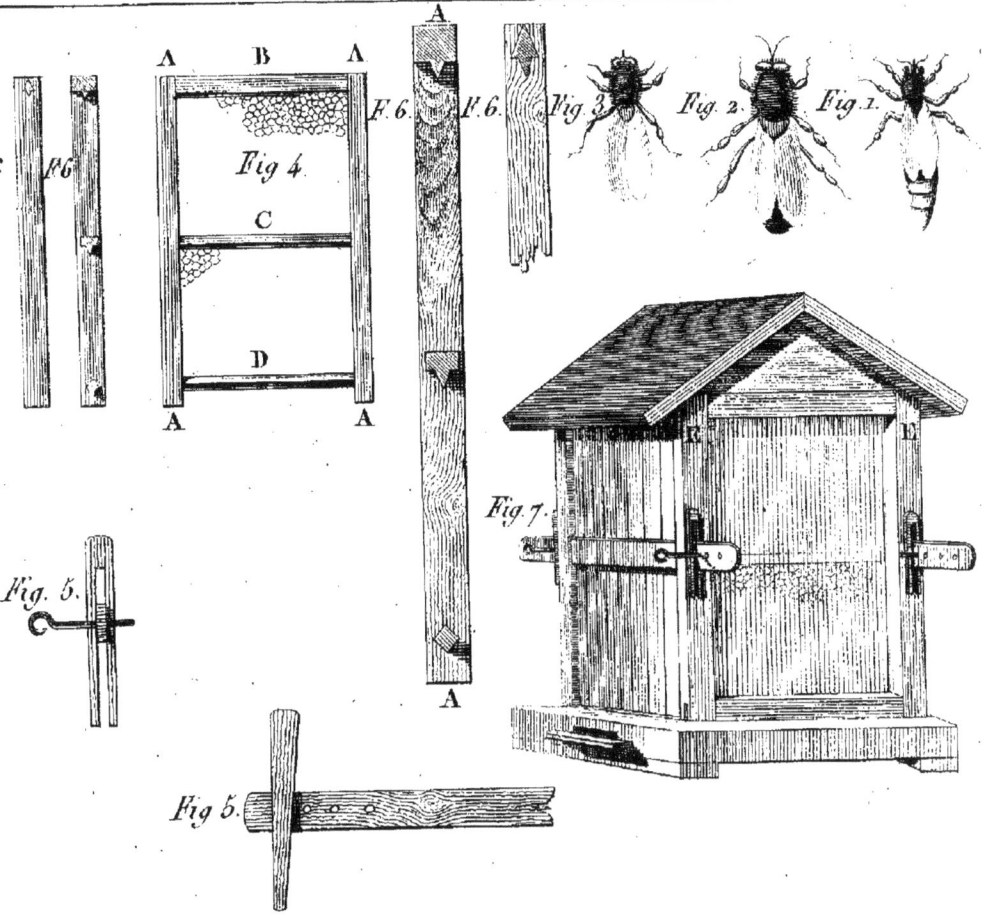

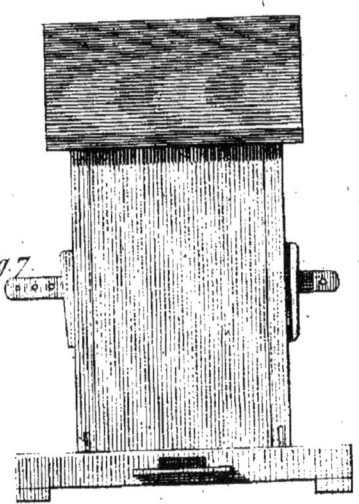

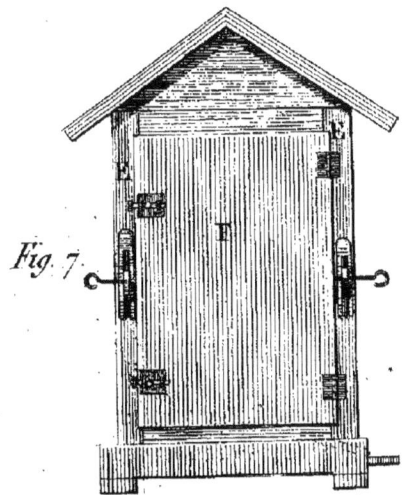

Echelle de 3 Pieds.

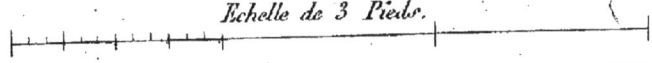

Dessiné et Gravé par Gaille Rue des fossés St Germain des prés Nº 13.

51. *Les ruches composées.* Ce sont celles qui ont des divisions intérieures, des boîtes, des coulisses, des bocaux, etc. Ces ruches ne conviennent pas au commun des hommes, mais pour faire plaisir aux amateurs, je vais donner la description de deux ruches ingénieusement imaginées : savoir, celle de M. *Huber* et celle de *Gelieu*, pasteur en Suisse ; c'est le père de ce dernier qui a inventé les ruches à hausses, ainsi qu'on le verra dans un instant.

Je puis d'autant plus facilement décrire la ruche de M. *Huber*, que ce savant a eu la générosité de m'en donner une. Depuis vingt ans que la description de cette ruche a été publiée, elle a subi quelques changemens.

La ruche de M. *Huber* se désigne toujours par ruche *à feuillets* ou *en livre*. Elle se compose actuellement de 8 châssis au lieu de 12. Les châssis ont 18 pouces de hauteur (48 centim.), au lieu d'un pied (32 centim.) hors œuvre, le dans-œuvre de la hauteur est de 17 pouces (45 centimèt.), et celui de la largeur est de 10 pouces (26 centim.). La figure 4 représente un des châssis. Les montans A ont 18 pouces d'élévation (48 cent.) sur un pouce d'épaisseur (24 millim.), et 15 lignes de largeur (30 millim.). La traverse du haut B, est des mêmes épaisseur et largeur. La traverse C a 10 lignes de largeur (20 millim.) sur 4 lignes d'épaisseur (8 millim.); elle est placée à 6 pouces et demi du haut (16 centim.); celle du bas D est carrée de 6 lig. de grosseur (12 millim.); elle se place à un pouce en remontant (12 millim.); aux deux extrémités des 8 feuillets, il y a de chaque côté un châssis EE, destinés à recevoir chacun du côté de leur intérieur un vitrage, et extérieurement un volet. Ce châssis a 18 pouces de hauteur (48 cent.) sur 13 pouces et demi de largeur (34 centim.). L'ouverture de ce châssis pour recevoir le vitrage et le volet a 10 pouces de largeur (26 cent.) sur 15 pouces de hauteur, le tout dans œuvre; les volets doivent être ferrés pour les ouvrir et les fermer à volonté. Les 8 châssis sont en bois de sapin, les deux extérieurs sont en bois de noyer d'un pouce d'épaisseur (24 millim.), et les volets de 10 lignes aussi d'épaisseur (20 millim.). Les châssis et les volets peuvent se faire en bois de chêne. Les feuillets ne sont plus réunis d'un côté avec des couplets ou charnières, parce que cela avait l'inconvénient d'exposer des abeilles à être écrasées en refermant les châssis. Au lieu des charnières, deux traverses plates de 19 pouces de longueur (49 centim.) sur 15 lig. de largeur (36 millim.), et 4 d'épaisseur (8 mil.) entrent dans le milieu de la hauteur, et des deux côtés des deux châssis vitrés, dans la partie qui fait saillie en longeant le côté des 8 feuillets, et reçoivent, dans des trous espacés, une petite broche de fer; et pour bien assujétir le tout ensemble on a quatre épingles en bois (*voy. fig.* 5) plus minces dans leur extrémité; on les enfonce sur la broche de fer qu'elles embrassent, jusqu'à ce que le tout soit solidement réuni. Les entrées des abeilles qui étaient au bas des feuillets sur la grande face sont réduites à une seule au bas d'un des petits côtés, pratiquée dans l'épaisseur du tablier avec une petite planche saillante pour la marche des abeilles. Cette disposition rend la dépouille plus facile, parce qu'on trouve les rayons de miel dans les châssis des deux extrémités où les abeilles le déposent, pour obéir à la loi de leur instinct, qui les force à mettre leur trésor dans la partie la plus éloignée de leur entrée. Dans le principe, pour déterminer les abeilles à travailler dans le plan de chaque feuillet, M. *Huber* plaçait, au haut de chacun, un petit gâteau de cire: c'est encore le meilleur moyen; mais un naturaliste anglais, *J. Hunter*, ayant assuré dans un écrit inséré dans les Mémoires de la Société royale de Londres (*Trans. Phil.*) qu'une arête *formant angle saillant* ou même *un angle rentrant* déterminait les fondemens des édifices des abeilles, et M. *Huber* ayant reconnu qu'en général cela était vrai, a fait tracer sous les traverses B et C de chaque feuillet un angle saillant. (*V.* le profil, *fig.* 6.)

L'usage de cette ruche pour les observations et pour la dépouille est fort simple. Lorsqu'on veut voir ce qui se passe dans l'intérieur, on fait glisser les deux châssis portant les volets le long des traverses; après avoir séparé peu-à-peu chaque feuillet, on examine, et on rapproche ensuite; en faisant le tout avec douceur, les abeilles n'en sont point troublées, et continuent leurs travaux aux yeux des observateurs. Quant à la dépouille, on enlève les châssis des extrémités et on en met d'autres à la place. On doit sentir aussi combien il est facile de faire des essaims artificiels en enlevant, dans la saison convenable, des feuillets du centre contenant du **couvain** de jeunes reines , etc.

Enfin, M. *Huber* a ajouté à sa ruche un surtout se composant de trois pièces, dont deux se placent du côté des traverses , et la troisième en toit se pose dessus ces deux pièces, et cela pour les ruches destinées à rester en plein air. (*V. pl.* 1, *fig.* 7.)

Un amateur, M. *Blondelu*, demeurant à Noyon, a fait une ruche à feuillets, et a mis des couplets alternatifs à chaque feuillet de chaque côté, de manière que sa ruche de douze feuillets s'alonge comme un ruban de 10 à 12 pieds (3 à 4 mètres); ainsi déployée, elle a la forme d'un paravent.

La ruche de *Gelieu* est en planche d'un pouce d'épaisseur, au moins (24 millim.); c'est un carré long ayant un pied de hauteur (33 cent.), 9 à 10 pouces de largeur (24 à 26 cent.), et 15 à 18 de longueur (40 à 48 cent.). Cette espèce de boîte ouverte par-dessous, n'est fermée que par la table sur laquelle elle pose. L'entrée des abeilles se fait au bas d'un des grands côtés. Ce carré ainsi construit se divise du haut en bas pour en faire deux parties égales, tellement que la porte des abeilles soit sciée en deux; on ferme les côtés ouverts par deux planches légères; on fait à chacune de ces dernières planches deux ouvertures : savoir, une au centre de 3 à 4 pouces (36 à 48 millim.) pour la communication des abeilles d'une partie dans l'autre ; et l'autre au bas comme celle de l'entrée , de manière que les abeilles peuvent communiquer d'une partie dans l'autre par les ouvertures du centre et par celles du bas. On tient ces deux demi-ruches réunies au moyen de huit chevilles saillantes, dont deux de chaque côté haut et bas placées dans l'épaisseur des planches, qui donnent la faculté de mettre un lien de fil de fer d'une cheville à l'autre, ce qui empêche la désunion des deux demi-ruches ; on ajoute du pourget sur la fente.

Cette espèce de ruche donne la facilité de faire des essaims artificiels en la divisant dans un tems convenable, et en ajoutant à chaque demi-ruche deux portions pareilles vides; mais je crois que la dépouille n'en est pas facile sans enlever du couvain dans le côté que l'on retire.

52. *Les ruches à hausses.* Ces *ruches* se forment par la réunion et la pose les unes sur les autres de plusieurs pièces

du même diamètre et de la même élévation, dont on aug-
mente ou diminue le nombre à volonté. On les a nommées
aussi *ruches écossaises*, *à magasin*, *à fragmens*, *perpétuelles*,
étagères, *pyramidales*, etc. C'est *Gelieu*, pasteur aux Ver-
rières en Suisse, qui a imaginé cette espèce de ruches (44),
elle a été depuis modifiée par MM. *Palieau*, *Duchet*, *de
Bois-Jougan*, *de Massac*, *Cuinghien*, *Ravenel*, *Beuunier*,
Béville, *Caignard*, *Rompel-Wintzel*, *Engel*, *Ducouédic*,
et autres. Les uns les ont faites de portions cylindriques
en paille; d'autres, octogones ou carrées, en menuiserie :
le diamètre a été assez généralement d'un pied (33 centim.),
et l'élévation de chaque portion à 3, 4 et 5 pouces (8, 10,
13 centim.). M. *Ducouédic* a passé toutes les bornes en
portant ses hausses à 16 pouces de diamètre et autant
d'élévation (plus d'un demi-mètre).

Les avantages de ces ruches ont été exagérés, et leurs
inconvéniens dissimulés. Le premier avantage, dit-on,
c'est de pouvoir proportionner les *ruches* à la grosseur des
essaims. Cet avantage est un peu chimérique, parce qu'on
ne peut bien juger de la grosseur d'un essaim au moment où
il est fixé. Plus le tems sera chaud, plus l'essaim paraîtra
gros. Les abeilles en grappe se tiennent les unes aux autres
par leurs pates crochues; s'il fait chaud, elles les alongent
pour se donner de l'air entr'elles ; la pelote paraît alors très-
grosse, mais l'ombre, le frais survenant, le volume de l'essaim diminue tellement, qu'on a peine à croire que ce soit
le même. Un exemple pris sur les ruches en est une autre
preuve; il n'y a pas de propriétaire qui dans un jour très-
chaud, voyant ses abeilles amoncelées à l'ombre, dessous
la table et autour des *ruches*, ne conçoive difficilement
comment, un tems frais survenant, les abeilles entassées
dehors la veille, pouvaient être logées le lendemain dans
leur intérieur.

Supposons cependant qu'on puisse connaître la force
d'un essaim en le pesant, il sera encore difficile de se régler
sur le nombre des hausses qu'on devra lui donner, parce
que deux essaims du même jour et du même poids ne travaillent pas également ; l'un emplira quatre hausses dans
douze à quinze jours, tandis que l'autre n'en emplira pas
trois dans toute la saison.

Mais, dira-t-on, on donnera d'abord trois hausses, puis

une quatrième à celui qui travaillera le plus, tandis qu'on n'en laissera que trois au moins laborieux. Alors on retombe dans les détails minutieux que l'on reproche à ces sortes de ruches. Un partisan *des ruches à hausses*, répond que *rien n'empêche de placer un certain nombre de hausses pour plusieurs mois et même pour une année; qu'on y gagne beaucoup, en ce qu'on forme pour cet espace de tems des vaisseaux d'une capacité convenable* (45). Pour entrer dans le sens de cet auteur, j'observe que les abeilles qui s'échappent se logent souvent dans des espaces hors de toute proportion avec la grosseur de l'essaim, dans des cheminées, par exemple, dans des troncs d'arbres très-creux; j'en connais qui se sont logées dans des galetas, il y a nombre d'années; elles y travaillent, elles donnent des essaims, malgré leur logement hors de toute proportion avec les abeilles qui s'y sont logées.

Un second avantage, c'est, dit-on, de pouvoir récolter les hausses supérieures *pleines* en substituant des hausses *vides*, à la partie inférieure; par ce moyen on voit renouveler les édifices de ces ruches.

Cette manœuvre influe sur la *qualité* et la *quantité* de miel qu'on pourrait recueillir. Sur la *qualité*, en ce que les abeilles ayant emmagasiné du pollen dans les rayons lorsqu'ils étaient au centre, et n'ayant pu le retirer qu'imparfaitement, le miel qu'elles y déposent, lorsque la même hausse devient supérieure, contracte une âcreté qu'il est difficile de lui faire perdre (46). Sur la *quantité*, en ce que la capacité des alvéoles est diminuée par la petite soie que chaque ver d'abeilles file autour de lui, soie qu'elles ne peuvent enlever (47).

Par l'usage des *ruches à hausses*, on prévient, dit-on, l'invasion de la fausse-teigne. J'ai cependant vu des *ruches à hausses* dont les édifices avaient été dévorés par la teigne, non par la négligence des propriétaires, mais parce que n'y ayant plus de couvain, ni de reine dans ces *ruches*, ou n'y en ayant qu'une stérile, ces ruches étaient sans défenses, parceque l'invasion de la teigne dans les ruches désorganisées, de quelque forme qu'elles soient, est si prompte au mois d'août, à cause des chaleurs, qu'on ne s'en aperçoit qu'en y mettant une attention journalière (*Voy.* n° 46).

Un avantage des *ruches à hausses*, dit-on, c'est de donner la facilité de faire des essaims artificiels avec des hausses prises dans le centre, qui, dans la saison voisine des essaims, doivent contenir des alvéoles de jeunes reines, ou au moins du couvain avec lequel les ouvrières savent se procurer des reines.

J'observe que ce n'est pas une opération facile que celle de prendre des hausses pleines de couvain, c'est un siége à faire contre la fureur des abeilles ; j'indique un moyen bien plus facile (*Voyez* n° 100).

Un inconvénient dans les hausses d'une petite élévation de 3 pouces (81 mil.) par exemple, à chacune desquelles on met des séparations, c'est de forcer les abeilles de se tenir désunies, lorsque leur conservation et celle du couvain les obligent à se réunir ; il faudra donc qu'il y ait un peloton dans une hausse, un peloton dans une autre, alors la chaleur intérieure n'étant qu'en raison des réunions partielles, ne doit pas donner le même avantage que lorsqu'il n'y a point de division. J'ai vu un amateur chercher à remédier à cet inconvénient en faisant dans chaque séparation des trous très-rapprochés de 15 lignes de diamètre (35 millim.), trous qui l'embarrassaient lorsqu'il enlevait les hausses supérieures.

Un autre inconvénient, c'est la coupe transversale des rayons avec le fil de fer pour séparer des hausses, les hausses se plaçant à la partie inférieure pour être enlevées lorsqu'elles sont parvenues au haut. En traversant le centre la reine y a déposé du couvain : ce couvain ayant filé une soie qui reste collée contre les parois des alvéoles, lorsqu'on veut enlever la hausse, la soie oppose de la résistance au fil de fer, et avant de céder, les rayons se collent les uns contre les autres, on écrase des abeilles parmi lesquelles peut se trouver la reine. On remédiera à cet inconvénient, dira-t-on, en coupant les rayons par le côté. Alors il faut chercher à connaître comment sont orientés les rayons, ce qui n'est pas aisé, y en ayant qui tournent. J'ai essayé d'ailleurs à couper par le côté, et j'ai reconnu que la petite soie empêche qu'on ne coupe net (48).

Le haut de ces ruches est vicieux, en ce qu'il est nécessairement *plat* : c'est ici la pierre d'achoppement contre laquelle viennent échouer les partisans des ruches à hausses. Les abeilles en santé ne font point d'ordures dans leur ruche, et n'étant jamais engourdies, elles consomment, et conséquemment elles évacuent par une transpiration considérable qui s'élève en vapeur au haut des ruches, ce qui a lieu pendant les nuits du printems, à l'époque de la grande ponte des reines et pendant les jours et les nuits d'hiver, tems où les abeilles sont concentrées dans leur ruche.

Cette transpiration est nécessaire pendant la grande ponte, afin de tenir le couvain dans une moiteur propre à faciliter son développement; la chaleur des jours, le mouvement des abeilles et leur absence atténuent le superflu de ces vapeurs. Pendant l'hiver, ces vapeurs sont aussi nécessaires jusqu'à un certain point, pour entretenir le miel propre à la santé des abeilles, étant reconnu d'après des expériences que le miel grenu ne peut leur convenir (49) ; mais comme en hiver ces vapeurs sont presque continuelles, il faut qu'elles s'écoulent sans tomber sur les abeilles.

D'après les écrits des anciens, d'après la forme de leur ruche, ils ont connu l'abondance de ces vapeurs, et c'est pour les éloigner du centre qu'ils ont adopté la forme convexe pour le haut de leurs ruches, afin de faciliter dans leur circonférence l'écoulement des eaux surabondantes formées par les vapeurs qui s'élèvent au sommet.

C'est *Schirach* qui s'est aperçu le premier de ces vapeurs. Pour ses expériences ayant fait faire des boîtes à dessus *plat*, il y plaça des rayons contenant du couvain en bas âge, et y enferma des abeilles ; elles transpirèrent, et bientôt *Schirach* aperçut *des grosse gouttes d'eau au haut de ses boîtes* (50).

Pour y remédier, il y fit faire une large ouverture qu'il boucha avec une plaque de fer-blanc criblée de petits trous, et y ajouta *des soupiraux pour aider à l'évaporation des vapeurs abondantes, qui s'exhalaient des abeilles contenues dans les boîtes.*

En 1769, Mme *Vicat*, de la société de Berne, répéta les expériences de *Schirach*, et par le haut de ses boîtes, qu'elle boucha également avec une plaque de fer blanc criblée de petits trous, elle reconnut *qu'il s'exhalait une vapeur chaude, quelquefois très-sensible* (51).

D'un autre côté, les amateurs, étonnés des eaux aperçues, cherchèrent à les atténuer, soit en faisant des hausses avec des bois légers et poreux, soit en pratiquant des trous au plancher de séparation de chaque hausse, trous qu'ils couvraient à la hausse supérieure avec des plaques de fer-blanc criblées à jour. L'inquiétude à cet égard en détermina plusieurs à adapter un vitrage à chaque hausse, afin de connaître l'effet des vapeurs aperçues; plusieurs faisaient des observations, lorsque l'hiver de 1788 à 1789 excita plus particulièrement leur attention. C'est encore *Dubost* qui va nous dire dans quel état il aperçut les ruches à cette époque. Inquiet sur le sort de ses abeilles, il examina l'intérieur des deux ruches vitrées à *dessus plat*, qu'il tenait en observation, et il vit *une couronne de glace à la partie supérieure de chaque ruche* (52).

Actuellement, je demande quelle est la cause la plus commune de la perte des ruches pendant l'hiver. Je ne parle pas de la faim, parce que c'est la faute des propriétaires, mais je dirai que c'est la moisissure des rayons inondés par la chute des eaux amassées au haut des ruches à dessus *plat*; c'est aussi la chute de ces eaux sur les abeilles qui, arrêtant leur transpiration, fait aigrir et corrompre les matières qui sont dans leur corps, ce qui cause la dyssenterie, qui porte l'infection et la mort dans les ruches. Mais, dira-t-on, les vapeurs s'exhalent également des abeilles logées dans des ruches à dessus convexe et gèlent dans les grands froids. Cela est vrai; mais ce haut convexe recevant les eaux des vapeurs, ne peut les garder, elles suivent continuellement la pente qui les conduit à la circonférence; si le froid survient, ces eaux gèlent, mais dans le cours de leur pente, c'est-à-dire, contre les parois intérieures de la circonférence et loin du centre. La preuve que ces accidens arrivent plutôt aux ruches à hausses, s'est manifestée dans l'hiver de 1807 à 1808, pendant les mois de décembre et de janvier qui nous donnèrent des brouillards froids et pénétrans qui, ajoutant aux vapeurs des ruches, en firent périr un grand nombre.

Un autre point, c'est que pour la prospérité du couvain, il faut qu'il soit concentré dans le milieu des ruches, comme étant le lieu le plus chaud; il faut que la température soit la même dans toute la circonférence de ce centre. Les abeilles commençant toujours leurs édifices dans la partie la plus élevée de leur ruche, trouvent naturellement ce point de centre: si le haut est plat, et sur-tout s'il est aussi vaste

Pl. 2

Fig. 9.

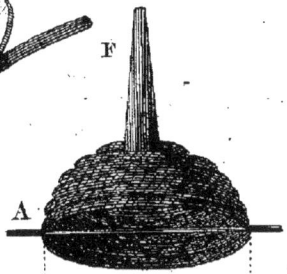

F

A

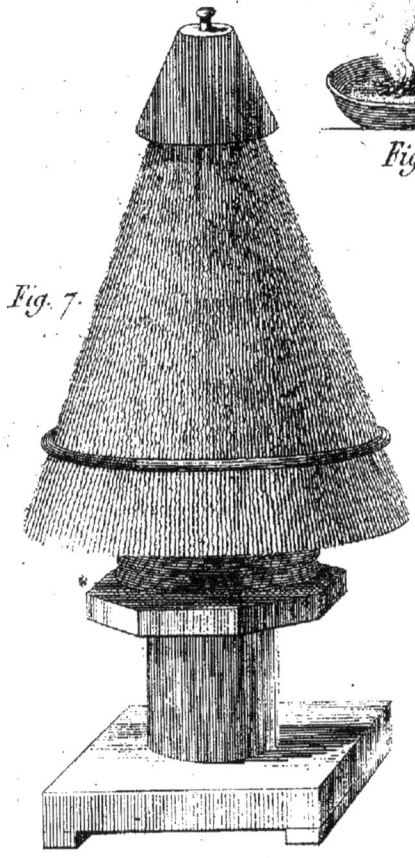

Fig. 7.

C · D · C
E · E
Fig. 1.
B
C · C

Fig. 2.

C · D · C
E · E

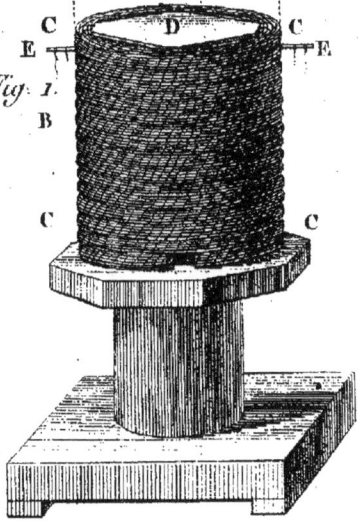

F. 10. · F. 11.

Fig. 6.

Fig. 8.

Fig. 5.

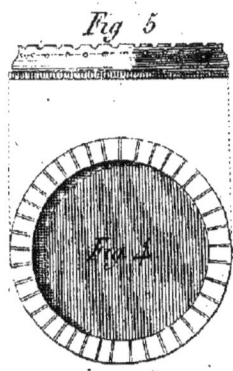

Fig. 4.

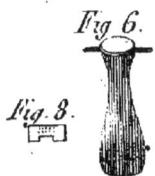

F

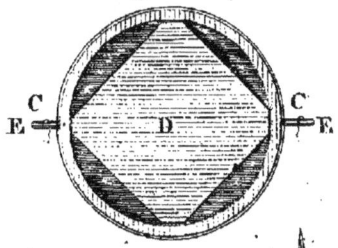

Fig. 3.

Echelle de 3 Pieds

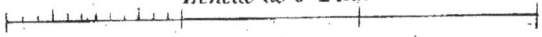

que dans les ruches dites *pyramidales*, les abeilles ne trouveront point ce centre, elles édifieront une année dans une partie et l'année suivante dans une autre ; c'est sans doute une des causes qui obligent d'attendre trois à quatre ans avant de rien récolter de ces sortes de ruches (53).

Une dernière raison, c'est qu'il y a plus de 50 ans que les *ruches à hausses* ont été imaginées, que depuis ce tems elles ont été continuellement préconisées, et que cependant elles ne sont point sorties des mains des propriétaires bourgeois; l'homme des champs refuse d'en faire usage, quoiqu'il n'en connaisse pas les inconvéniens, mais parce qu'on lui a montré des hausses en menuiserie qui sont coûteuses, qui demandent des soins minutieux et assidus, parce qu'elles ne donneraient que de faibles récoltes en portions nombreuses, il est vrai, mais qui seraient embarrassantes pour lui et dédaignées par le cirier.

53. *La ruche villageoise.* J'ai nommé ainsi *la ruche* que j'ai adoptée, parce que, par sa forme extérieure, elle tient à celle d'une pièce qui est la plus répandue dans les campagnes; elle en diffère en ce qu'elle est en deux pièces, et que dans l'intérieur j'y ai mis une espèce de séparation qui en facilite la dépouille, sans nuire à la circulation des abeilles. J'ai conservé la forme convexe à la pièce supérieure, afin de faciliter l'écoulement des eaux des vapeurs qui, pendant l'hiver, s'exhalent de la réunion des abeilles. J'ai écarté la coupe transversale des rayons par le fil de fer dont j'ai fait sentir les inconvéniens : si je m'en sers encore, c'est seulement pour détacher la pièce supérieure lorsqu'elle tient à l'inférieure par la *propolis* employée par les abeilles pour boucher la jointure qui s'y trouve. Je n'ai adopté cette ruche qu'après douze à quinze années d'essais sur des ruches de différentes formes.

Ma ruche est, comme je l'ai dit, en deux pièces; le corps de la ruche A et le couvercle B (*voy. pl. 2, fig. 1*), donnant ensemble une élévation de 17 à 20 pouces (45 à 53 cent.) sur un diamètre uniforme d'un pied (33 cent.) dans œuvre, sauf la pièce supérieure qui doit être bombée. J'ai adopté ce dans-œuvre, parce que le couvain y est plus concentré que dans des ruches plus évasées. Si je varie dans l'élévation, c'est afin de proportionner un peu les ruches à la force des essaims, à la saison plus ou moins avancée. Je n'excède pas ces proportions, parce que la trop grande capacité des ruches ne permettant pas de les dépouiller annuellement, le miel s'y détériore (54), et encore parce que j'ai éprouvé que des ruches au-delà de ces proportions, lorsqu'elles sont pleines, sont hors de la force du commun des hommes, et qu'alors il est pénible de les soigner. Il y a des amateurs qui ont adopté un moindre diamètre, ils peuvent alors donner à leurs ruches un peu plus d'élévation. Si on ne doit pas donner trop de largeur aux demeures des abeilles, dit M. *Huber*, on peut les agrandir sans danger dans le sens de la hauteur ; leur succès dans les arbres creux, leurs habitations naturelles, le prouve incontestablement.

Le corps de la ruche se compose de rouleaux de paille boudinée, tournés en vis ou spiral, liés les uns aux autres, par un lien plat. (*Voyez* n° 56.) Au haut et au bas du corps de chaque ruche, on fait un autre rouleau extérieurement CC. Je veux dire que l'on doit reborder la ruche en-dehors haut et bas, savoir au bas pour donner de l'assiette à la ruche sur sa table, et au haut afin de pouvoir lier ensemble deux ruches posées l'une sur l'autre, lorsque cela sera nécessaire. Au haut du corps de la ruche, dans son dans-œuvre, et bien *à fleur* du dernier rouleau, on met un plancher DD fait avec une planchette légère de 10 pouces (27 centimèt.) de largeur en tous sens ; on scie les quatre carnes, de manière qu'en mesurant la planchette d'une carne à l'autre, il y ait un pied (33 cent.). Ce plancher se fixe avec des clous insérés dans le double rouleau supérieur, entrent un peu dans les pans. Les quatre ouvertures que laisse le plancher sont nécessaires pour la circulation des abeilles, et l'évaporation des vapeurs qui, dans l'hiver, s'exhale de leur réunion, et pour leur passage lorsqu'on est dans le cas de les enfumer. On voit l'effet de ce plancher (*pl.* 2, *fig.* 2), c'est le haut de la ruche vu de face.

Sous le plancher traverse une baguette plate FF, saillante des deux côtés, de 15 à 18 lignes (34 à 41 millim.); elle sert à enlever la ruche des deux mains, et donne la facilité d'y attacher le couvercle, qui a également une baguette en saillie correspondante avec celle de la *ruche*. Au bas est une ouverture de 2 pouces de largeur (5 à 6 cent.) sur 9 lig. (21 millim.) de hauteur pour l'entrée et la sortie des abeilles.

Les deux premiers rouleaux du couvercle B, doivent être du même diamètre que la ruche ; le troisième doit rentrer insensiblement, de manière que le couvercle se trouve bombé dans son élévation de 4 à 5 pouces (11 à 14 cent.). Au sommet on laisse une ouverture de 15 à 18 lignes (34 à 41 millim.), pour y placer la flèche F d'un pied (33 cent.) de longueur, diminuant insensiblement dans sa hauteur apparente qui n'est que de 10 pouces (27 cent.); le surplus devant être engagé dans le tissu du couvercle, par une baguette de 5 à 6 lig. (11 à 14 millim.) de grosseur. Afin que la flèche n'enfonce pas par le poids du surtout dont on parlera ; on place une baguette un peu courbée de 6 à 7 pouces (16 à 20 cent.) de longueur, qui passe au travers de la flèche, et porte sur la convexité du couvercle et en sens contraire de celle de l'intérieur, comme on le voit fig. 1 et 3.

La base des couvercles est traversée par la baguette saillante dont l'usage est indiqué, et qui sert aussi à soutenir les rayons que les abeilles mettent dans ces couvercles. Il est bon d'avoir des couvercles de 4 à 5 pouces (11 à 14 cent.) de profondeur, afin de les proportionner, comme on l'a dit. Plus profonds, on trouverait du couvain dans ces couvercles lors de la dépouille. On place dans l'intérieur des ruches deux baguettes croisées à 3 ou 4 pouces (8 à 11 cent.), l'une au-dessus de l'autre, pour soutenir les rayons ; il faut qu'elles soient un peu en saillie d'un bout, afin de pouvoir les retirer avec des tenailles, lorsqu'il s'agira de dépouiller la ruche.

Il faut enfin que toutes les ruches et toutes les bases des couvercles soient d'un diamètre uniforme, afin que les ruches puissent se placer, au besoin, les unes sur les autres, et les couvercles sur toutes les ruches.

54. *Moyen pour obtenir le diamètre uniforme des ruches.* Afin d'y parvenir, il faut une espèce de métier ou plateau façonné par un tourneur. On prend un morceau de bois (le noyer est préférable) d'environ 2 pouces (54 millim.) d'épaisseur, et de 14 pouces (38 cent.) de diamètre. On l'arrondit autour, et on le réduit à 13 pouces 8 lig. (38 cent.) (*Voyez pl.* 2, *fig.* 4.) On creuse le plateau d'environ un pouce (27 millim.) en laissant au pourtour un rebord de 10 lig. (23 millim.), ce qui donnera le diamètre d'un pied

(33 cent.) d'un bord intérieur à l'autre. On fait un quart de rond en-dehors et en-dedans du bord. (*V*. profil, *fig*. 5). Au défaut du quart de rond, on marque quarante-deux espaces qui donnent entre chaque un pouce (27 millim.), à chaque marque on fait un trou avec une mèche fine, et comme le lien qu'on emploiera pour attacher la paille sur le plateau, sera plat, on fait passer dans chaque trou un petit fer rouge plat de 2 à 3 lig. (5 à 7 millim.) de largeur. Sur le bord de 10 lignes (23 millim.) on fait quarante-deux échancrures de 2 lig. (5 millim.) de largeur sur autant de profondeur, espacées de pouce en pouce (27 millim.) Ces échancrures sur le bord se font entre deux trous faits dans le quart de rond. (*V*. le profil, *pl*. 2, *fig*. 5.) Dans cet état, le plateau guidera pour commencer les *ruches* et les couvercles, comme nous le dirons dans un instant.

J'observe qu'il y a des ouvriers qui font des ruches sans les commencer sur le plateau, et qui cependant suivent un diamètre uniforme; cela vaut mieux que le plateau auquel les habitans des campagnes ne peuvent s'assujétir.

55. *De la paille et des liens pour faire les ruches.* Les ruches se font plus communément avec de la paille de seigle, parce qu'elle est plus longue, moins grosse et plus flexible que celle de blé. Dans des gerbes on en choisit qui soit saine, on prend de cette paille à deux mains du côté de la racine, et on la frappe sur la rondeur d'un tonneau mis sur le côté; par ce moyen les grands épis s'égrainent sans que la paille en soit brisée, on la secoue pour faire tomber la plus courte, et on l'emploie ou on la conserve en botte, hors la portée des souris.

Lorsqu'on veut faire une ruche, on prend la paille, on en retranche les épis avec une serpe, on la bat avec un morceau de bois rond, afin de la rendre souple sans la briser. Pour la démêler et en enlever les fanes en la tenant du côté des épis, on la passe dans les dents d'un râteau ou peigne de fer. Si on la mouillait, elle contracterait et conserverait une odeur de moisi.

Pour les liens on peut se servir de toutes sortes de bois ou d'écorces flexibles en les préparant à cet effet, préparation qui consiste à les fendre; l'osier de tonnelier peut en offrir l'idée. On ne leur donne qu'une largeur de 2 à

3 lignes (4 à 7 mill.) sur une longueur indéterminée; on divise ces liens en petites bottes que l'on met tremper avant de s'en servir.

56. *Manière de faire la ruche villageoise.* On commence la ruche sur le bord superficiel du métier ou plateau; on lie peu de paille d'abord en l'augmentant successivement jusqu'à la 7ᵉ ou 8ᵉ maille, qui doit être de la grosseur du rouleau boudiné. Ce lien doit s'insinuer dans les trous du côté intérieur du plateau, de manière qu'en lui faisant faire le cercle pour le passer dans le trou suivant, l'écorce du lien se trouve extérieurement sur la partie supérieure du rouleau. Avant de finir le premier tour sur le bord du plateau, on attache une seconde fois le rouleau en passant un second lien dans les échancrures du bord du plateau, de cette manière le premier rouleau se trouve lié deux fois pour le moment.

Le second tour est monté sur le premier; pour cela avec un petit fer pointu (poinçon) on perce, en droite ligne, le rouleau inférieur au quart de sa grosseur, tellement que le fer du poinçon fait X avec le lien passé dans les échancrures, on prend et on l'insinue à côté de la pointe du fer, et on le tire fermement à soi. On passe le poinçon dans la maille suivante, et faisant faire le cercle au lien, on l'insinue dans le rouleau, etc. Par ce moyen, les liens des rouleaux inférieurs et supérieurs se trouvent fortement liés ensemble en X.

Il faut toujours insinuer le poinçon en le poussant devant soi et en droite ligne; si on le faisait en élevant la pointe ou en la plongeant, on ne conserverait pas le diamètre uniforme que doit avoir la ruche. Il faut espacer également les mailles que marquent les liens, dont on cache les extrémités entre les rouleaux boudinés. A chaque fois que l'on voit le rouleau diminuer de grosseur, on écarte un peu la paille liée, pour y en insinuer douze ou quinze brins. On a sous la main une petite baguette de la longueur du diamètre intérieur de la ruche pour mesurer à chaque tour, afin de se maintenir dans le diamètre convenu.

Lorsqu'on a fait trois ou quatre tours, on coupe les liens qui passent dans les trous du plateau, pour en séparer la ruche commencée; le premier rouleau se trouvant lié par les liens passés dans les échancrures, on continue la ruche jusqu'à la hauteur de 13, 14 ou 15 pouces (35, 38 ou 41 centim.) Au dernier tour on fait l'entrée de la ruche, on diminue peu-à-peu la grosseur du dernier rouleau, afin de terminer par une hauteur uniforme.

On fait un rouleau extérieur au haut et au bas de chaque ruche, comme il est dit au n° 53.

Je préviens que la première ruche sera mal faite, mais bientôt on arrivera à les faire bien et proprement.

57. *Manière de faire les couvercles.* PRÉCEPTES. *Les couvercles des ruches doivent être convexes ou bombés, afin que les eaux des vapeurs qui s'élèvent au haut pendant l'hiver, puissent trouver une pente pour descendre dans la circonférence le long des parois des ruches. Les couvercles ne doivent pas avoir plus de 4 à 5 pouc. de profondeur (11 à 14 cent.), afin de ne pas y trouver du couvain lors de la dépouille.*

(*Voyez* au n° 53 la manière de les faire). Comme les couvercles sont d'un plus fréquent usage que le corps des ruches, il faut avoir plus de couvercles que de ruches; si, par exemple, on a cent ruches, il faut avoir vingt à vingt-cinq couvercles de rechange, pour remplacer ceux qu'on enlevera sur les ruches.

58. *Tabliers ou appuis des ruches.* Pour cela, je crois le bois préférable au plâtre et à la pierre. Je les fais en planches de 15 lignes d'épaisseur au moins (30 millim.), et d'un bois assez sec et dur pour ne pas se tourmenter au grand air, et que les vers de fausses teignes ne puissent pas s'y creuser une retraite; je leur donne 15 pouces de largeur (40 centim.) sur 17 de longueur (46 cent.) Je coupe les quatre carnes, comme nuisibles, lorsqu'on passe entre deux tabliers en place; mes tabliers ont la forme d'un octogone alongé ou irrégulier. Mes ruches ayant 14 pouces de diamètre hors œuvre (37 cent.) occupent presque la largeur du tablier, et sa longueur laisse la faculté de donner aux abeilles au moins 2 pouces par-devant (24 mill.) pour sortir et rentrer avec facilité.

59. *Mastic propre à remplir les fentes des tabliers.* Il se compose de trois parties égales de poix résine, de cire et de blanc d'Espagne; on fait fondre le tout ensemble; si le mastic est trop épais, on y met un peu de suif. Il faut l'employer chaud, parce qu'il prend de la consistance en refroidissant.

60. *Support des tabliers.* Les pieux enfoncés en terre pour porter les tables des ruches, ayant le double inconvénient de pourrir et d'assujétir à la même place, j'ai adopté un *support* portatif: pour cela, je prends un morceau de bois rond ou de charpente, de la grosseur de 5 à 6 pouces (12 à 16 cent.) et long de 9 pouces (24 cent.); j'enfonce quelques clous dans un des bouts et ayant quatre morceaux de bois de 2 pouces de grosseur (24 millim.), s'assemblant en queue d'aronde, qui laissent entr'eux un vide; j'y coule du plâtre; dans son millieu, j'y mets mon morceau de bois du côté où sont les clous et l'y enfonce d'environ 15 lignes (30 millim.). Mon massif a 2 pouces d'épaisseur (24 millim.) sur une base de 18 pouces de longueur (48 cent.) et de 16 de largeur, grandeur que m'ont laissée les quatre morceaux de bois assemblés en queue d'aronde et nécessaires pour lui donner une assiette suffisante. Sur le morceau de bois engagé dans le plâtre, je pose le tablier qui doit porter la ruche, et l'y assujétis avec deux pitons ou tire-fonds qui entrent sous le tablier près du morceau de bois engagé dans le plâtre et dans les pitons ou tire-fonds; je mets une vis qui entre dans le morceau de bois, ce qui rend le tablier immobile. Les tabliers débordant de tous côtés, les mulots ou souris ne peuvent atteindre les ruches, et afin que la fraîcheur de la terre ne préjudicie pas au plâtre du massif, lorsque je le place dans le rucher, je le tiens un peu soulevé avec des tuileaux mis sous les quatre coins. (*V.* n° 103.)

61. *Le Pourget.* C'est une espèce de mortier qui se fait en mêlant à-peu-près deux parties de bouse de vase, et une de cendre ou charrée; on y ajoute un peu d'eau, on mêle bien, on en couvre l'extérieur des ruches; après avoir mouillé cet extérieur, on unit bien, avec une petite truelle ou une latte ayant la forme d'une spatule: cela conserve les ruches pendant bien des années, si elles sont solidement faites. Ce mortier doit s'appliquer pendant l'été, afin qu'il sèche promptement. On croit qu'il contribue à éloigner les insectes (55).

62. *Manière de mettre les ruches à l'abri des injures du tems.* Pour cela il faut affubler les ruches d'un surtout de paille, ou de roseau, ou de jonc. Mes surtouts sont en paille; pour les faire je prends successivement cinq ou six poignées de paille de seigle, je remonte les épis au-dessus

de ma main ; je bats chaque poignée au-dessous des épis ,
pour en amortir la paille ; je lie séparément chaque poignée
à l'endroit battu. Je mets les cinq ou six poignées autour
d'un étui à tête (*Voy. pl.* 2, *fig.* 6) creusé de 5 à 6 pouces
(13 à 16 centim.) à la demande de la flèche qui surmonte
les couvercles ; je les assujétis avec une corde moyenne au-
dessous de la tête de l'étui , je retire les ficelles des poignées,
je prends un fil de fer connu dans le commerce sous le
n° 16 ; après l'avoir fait rougir pour le rendre flexible, je le
place auprès de la corde, je tords les deux bouts réunis
du fil de fer, je retire la corde ; je tords encore le fil de fer
avec un des manches de la tenaille, du côté opposé aux
deux bouts déjà tordus. Je remets la corde plus haut pour
faciliter le placement d'un second fil de fer que je tords
comme le premier , de manière que la tête de l'étui se trouvant engagée entre les deux liens, la paille ne peut glisser :
si cependant on craignait cet inconvénient, il faudrait, avant
de le placer, faire un trou dans la tète de l'étui et y mettre
une broche de bois qui déborderait un peu de chaque côté.
Avec une serpe on arrondit la tête du surtout : en retranchant
une partie des épis, on retranche aussi l'autre bout de la
paille à environ 2 pieds et demi (8o cent.) , à partir du lien
le plus bas ; on ouvre le surtout, on le fixe sur la flèche au
moyen de l'étui dans lequel elle entre, on tient la paille
assujétie sur la ruche avec un cerceau posé et non attaché,
on le coiffe avec un pot de terre. (*Pl.* 2 , *fig.* 7.)

63. *Ruchers.* Ce sont les lieux où l'on réunit des ruches
d'abeilles. Il y en a en plein air, d'autres sont couverts et
ont la forme de hangars. Quels qu'ils soient, pour en obtenir de l'avantage, ils doivent être établis dans des cantons
où les abeilles puissent trouver, à une demi-lieue autour
d'elles, du miel pendant toute la belle saison, comme je l'ai
dit au n° 1. Les ruchers couverts sont coûteux à construire,
sujets à entretien, le papillon de la teigne s'y tient caché,
les places y sont circonscrites, on ne peut approcher des
ruches sans être gêné ; le placement de plusieurs ruches sur
une même table est nuisible, en ce que, lorsqu'on touche à
une ruche, les abeilles de celles qui sont sur la même table,
se mettent en mouvement et l'on ne peut faire ce que l'on
désire. Les ruchers en plein air ne sont ni coûteux ni sujets
à entretien : le mien est de ce genre, c'est une espèce de

verger dont les arbres, pendant les chaleurs, donnent un ombrage agréable; le seul soin qu'il faut avoir, c'est de tenir les surtouts en bon état, afin que la pluie ne pénètre pas les ruches et les tienne à l'abri d'un grand soleil.

64. *Exposition et placement des ruches*. Il a été adressé, en 1811, un mémoire à la Société d'agriculture de Paris, sur la question de savoir : *Quelle était l'exposition la plus favorable aux abeilles ?* M. *Bosc* et moi avons été nommés commissaires. Notre opinion adoptée unanimement a été que l'exposition devait varier suivant les climats; qu'il y en avait de très-chauds où les ruches devaient être à l'ombre, dans d'autres au nord, dans d'autres au midi, et que dans notre climat *la meilleure exposition* était celle du *levant*, parce que, la température variable de nos printems étant cause qu'il y avait des jours sans miel, il était convenable de placer les ruches, à une exposition qui pût mettre les abeilles en état d'aller aux champs le plus matin possible, les jours où le miel perçait dans les fleurs, parce qu'alors elles pouvaient faire une récolte plus abondante que lorsque la chaleur commençait à dessécher les fleurs sur lesquelles se jetaient, d'ailleurs dès le grand matin, une multitude d'autres insectes.

A quelqu'exposition que l'on place les ruches, il faut qu'elles soient à l'abri des grands vents qui règnent le plus ordinairement dans la contrée. Dans notre climat de Paris, il faut mettre les ruches à l'abri du vent du couchant.

L'élévation des ruches doit être à 1 pied ou 2 de terre (32 ou 64 cent.), pour les garantir de l'humidité; plus élevées, leurs essaims s'éloignent davantage, et quand elles le sont à un certain point, ils se perdent pour leurs propriétaires (56).

Les ruches doivent être chacune sur une petite table isolée. Le premier rang doit être placé à environ 3 à 4 pieds (1 mètre) des abris, et à 15 pouces (40 cent) les unes des autres, afin qu'on puisse facilement passer derrière le rang et entre chaque ruche; les autres rangs doivent être disposés en échiquier, en observant les mêmes distances entre les rangs et les ruches.

65. *Exploitation des abeilles en grand*. Cette exploitation peut se faire chez les particuliers, sur de mauvais

terrains, dans les forêts d'arbres résineux appelées *forêts noires*.

Dans un pays cultivé, où il y a des arbres fruitiers, des prairies, etc., un grand nombre d'abeilles trouvent leur subsistance et amassent des provisions jusqu'en juillet ; mais alors dans les cantons où il n'y a ni forêts noires, ni bruyères, et où l'on ne cultive pas le sarrasin, elles vivent sur ce qu'elles ont amassé, tellement que des ruches qui sont bonnes en juillet, se trouvent souvent médiocres à l'entrée de l'hiver : il n'y a pas d'autres remèdes que de semer et planter pour les abeilles afin de leur procurer des fleurs (*Voy.* n° 91), ou de les transporter au pâturage, comme il est dit au n° 127.

66. *Des métairies pour la culture des abeilles en grand.* La culture des abeilles est intéressante en ce qu'on peut établir des ruches sur de mauvais terrains, et que c'est le moyen le plus avantageux pour s'indemniser des dépenses que nécessite cette culture. On ne trouve des prodiges en agriculture que dans les lieux que la nature paraissait avoir voués à une stérilité absolue. Les montagnes des Cévennes, qui jadis n'auraient pas nourri une famille de sauvages, sont aujourd'hui couvertes d'une population de 2 à 300 mille ames, qui y vivent de leur industrieuse culture et qui tirent parti de l'excédent de leur produit. Les landes se couvrent d'arbres résineux ; les plaines jadis incultes de la Champagne se peuplent de pins d'Ecosse, d'ajoncs marins, de genêts, d'accacias et d'autres arbres et arbustes : si à cela on joignait le sarrasin qui vient par-tout, et qui peut servir de premier engrais en l'enfouillant au moment où la fleur se passe, les navets de Suède qui ne craignent pas les hivers, etc., les mauvaises terres seraient bientôt fertilisées et appelleraient d'autres cultures au milieu desquelles une très-grande quantité d'abeilles trouveraient leurs subsistances et amasseraient des provisions, dont le produit indemniserait en peu d'années les cultivateurs intelligens et laborieux qui s'y adonneraient.

67. *Etablissement des abeilles dans les bois.* Les abeilles sont des insectes sortis des bois, on les voit dans toutes les forêts au nord et au midi. Le nord de l'Europe fournit beaucoup de cire et de miel qu'on recueille dans les forêts

d'arbres résineux qui couvrent ces contrées, la récolte en est préparée par l'industrie des habitans. Lorsqu'ils voient un arbre creux, ils élargissent l'entrée de manière à pouvoir y fouiller facilement. Ils masquent cette entrée par une coulisse dans laquelle ils ne laissent qu'une ouverture pour l'entrée et la sortie des abeilles. S'ils croyent qu'il n'y a pas suffisamment d'arbres creux, ils coupent des arbres, les réduisent en blocs qu'ils creusent et y adaptent une coulisse. Ils suspendent ces espèces de ruches aux arbres des forêts avec des liens d'écorces. Le comte de *Rzewouski*, polonais, affermait le produit des abeilles de ses bois moyennant 40,000 écus; le fermier dans certaines années y gagnait beaucoup : on avait évalué à 40,000 les ruches sauvages répandues dans ses propriétés.

Il serait facile de peupler nos forêts noires d'une grande quantité d'abeilles; des personnes attachées aux administrations forestières, seraient les agens naturels de cette culture, ils s'y prêteraient d'autant plus qu'on aurait les moyens de les encourager en leur abandonnant une portion des produits. Les propriétaires particuliers pourraient se rédimer, par-là, de l'impôt qu'ils payent annuellement pour cette espèce de bien, qui ne produit que dans des tems éloignés les uns des autres.

TROISIÈME PARTIE.

DES DISPOSITIONS NÉCESSAIRES POUR APPROCHER DES ABEILLES ;
CE DONT IL FAUT S'ABSTENIR AFIN DE PRÉVENIR LEUR COLÈRE,
ET CALENDRIER DES PROPRIÉTAIRE D'ABEILLES.

68. *Des dispositions nécessaires pour approcher des abeilles.* Il faut toujours donner les préceptes rigoureusement, sauf aux personnes qui voudront en profiter, à les modifier suivant les circonstances. En suivant ce que nous allons dire, on peut compter que l'on réussira, mais il faut y mettre de l'affection, sans quoi tout ira moins bien. Je sais que ce sentiment est contrarié par la crainte des piqûres, crainte qu'on aura bientôt surmontée en faisant usage des moyens indiqués au n° 2.

69. *Ce dont il faut s'abstenir près des abeilles.* Il ne faut point souffler sur les abeilles à l'entrée de leur ruche, parce que l'air que nous expirons les irrite. Si on les évente avec un soufflet, elles se disposent plutôt à fuir qu'à se mettre en colère. L'éclat de la lumière les offusquant, on doit agir autour d'elles, plutôt pendant que le soleil brille, que par un tems couvert, plutôt depuis dix heures du matin jusqu'à deux, qu'à la chute du jour, et jamais pendant la nuit.

Il ne faut point toucher aux ruches lorsqu'elles contiennent beaucoup de couvain, parce qu'alors les abeilles sortent en foule pour le défendre. On reconnaît qu'il y a beaucoup de couvain, lorsqu'on voit un grand nombre d'abeilles rentrer avec du pollen.

Lorsqu'on approche habituellement des abeilles, il faut éviter dans ses vêtemens des couleurs sombres, telles que le noir, le brun, le bleu. Dans leur colère, elles s'attachent aux chapeaux noirs, aux cheveux, aux sourcils ; il faut des vêtemens blancs ou gris, des bonnets blancs ou des feutres gris. Comme le bruit les irrite, il ne faut ni parler haut, ni frapper autour d'elles. Il ne faut point brusquement déplacer leurs groupes ; s'ils sont nombreux, on les écarte avec un peu de fumée ; les barbes d'une plume suffisent pour en déplacer un petit nombre. Si elles vous poursuivent, il faut s'éloigner sans gesticuler, se mette à l'ombre, et les laisser se calmer.

70. *Vêtemens nécessaires pour se préserver de la piqûre des abeilles.* Au n° 3, nous avons dit qu'avec de la fumée on se garantissait de la colère des abeilles, lorsqu'on voulait toucher à l'intérieur de leur ruche ; mais comme on n'a pas toujours du feu près de soi, il faut y suppléer par quelques vêtemens particuliers qui doivent procurer une sécurité parfaite.

Lorsqu'on veut toucher à l'intérieur des ruches et cueillir les essaims, il faut se couvrir la tête avec un bonnet et mettre par-dessus un camail de toile ayant un masque de fil de fer, plus commode que ceux de verre, de crin, de gaze sous lesquels on a peine à respirer. Le camail doit descendre sur les épaules, assez bas pour l'engager sous les vêtemens, afin que les abeilles ne puissent se glisser par-dessous. Il faut des gants communs de laine plucheux, sur lesquels les abeilles ont moins de prise que sur ceux de peau. Il faut les alonger avec de la toile, de manière qu'on puisse les remonter sur ses manches : un pantalon à étriers ou des guêtres sont nécessaires pour se couvrir les jambes. Quelquefois les abeilles s'excitent à la colère par un mouvement particulier de leurs ailes sur les stigmates de leur corps, ce qui donne un son un peu aigu : l'agitation des abeilles de la ruche que l'on touche se communique bientôt à celles des ruches voisines, ce qui cause du mouvement dans le rucher ; il faut alors faire usage de la fumée de linge ou de bouse de vache séchée (57). Pour cela, il est commode d'avoir un ou deux poêlons de fer dont la queue est disposée pour recevoir un manche de bois. On y adapte un couvercle qui y tient avec une charnière et qui doit être criblé de trous : ce couvercle sert contre le danger du feu, et empêche que les abeilles ne tombent dedans. (*Voyez pl. 2, fig. 9.*) Lorsqu'on change de place, on porte ce poêlon fumant, dont les abeilles n'approcheront pas, ne craignant rien tant que la fumée.

71. *De la piqûre des abeilles et de ses suites.* La petite pointe que nous voyons à l'extrémité du corps des abeilles n'est point leur aiguillon, mais un étui qui lui sert de fourreau. A sa racine est une vessie remplie d'eau vénéneuse dont l'abeille a la faculté de darder de petites gouttes au

travers du fourreau. Comme la pointe de l'aiguillon est en fer de flèche, l'abeille ne peut facilement la retirer quand elle est engagée ; l'aiguillon entraînant alors après lui l'intestin *rectum* et la vessie contenant le venin, l'abeille meurt un instant après ; c'est la petite goutte vénéneuse lancée dans la plaie qui excite la douleur et l'enflure.

Il y a des personnes qui prétendent qu'après un certain nombre de piqûres dans un espace de tems quelconque, l'enflure n'a plus lieu. Dans les premières années que j'ai soigné les abeilles, j'ai été piqué quelquefois, ce qui me causait des enflures considérables au visage, aux mains, aux jambes ; depuis neuf à dix ans je remarque que les piqûres ne sont plus suivies d'enflures, ou, si j'en éprouve, elles sont peu considérables et ne durent qu'un instant. Se fait-il à la longue une espèce d'inoculation du venin de l'abeille, qui en neutralise les effets ?

Swammerdam parle de la possibilité d'éviter la piqûre d'une abeille qu'on voudrait tenir dans ses mains ; pour cela il conseille de présenter à l'abeille un morceau de chamois (ou de chapeau), et de couper la pointe de l'aiguillon ; il ajoute que l'abeille n'en meurt pas et qu'elle est désormais dans l'impuissance de piquer.

72. *Remède contre la piqûre des abeilles, des guêpes, etc.* L'aiguillon de l'abeille entraînant après lui l'intestin *rectum* et la poche de venin, *Swammerdam* conseille de ne point arracher l'aiguillon en prenant entre ses doigts la poche de venin, afin d'empêcher une plus grande effusion de venin dans la plaie, mais de le couper et ôter avec des ciseaux.

Aussitôt après la piqûre, il faut attaquer la petite goutte vénéneuse avec de l'alcali ou un peu de chaux vive délayée ; ces remèdes ont la propriété de brûler la petite goutte et de neutraliser son effet. Ils opèrent lorsqu'on sent une petite douleur dans la plaie, il faut alors cesser d'appliquer le remède, parce qu'on se brûlerait la peau environnante de la partie malade. Si on n'a ni alcali, ni chaux vive, il faut presser la plaie aussitôt après la piqûre, pour en faire sortir la goutte vénéneuse et laver la place avec de l'eau fraîche.

Il y a environ trente ans qu'on se plaignit en Prusse d'une espèce de moucheron dont la piqûre était venimeuse, on publia alors un spécifique que l'on reconnut propre contre la piqûre des abeilles, des guêpes, etc. ; le voici :

écrasez de l'oignon blanc sur un corps dur pour en exprimer le jus, ajoutez-y une pincée de sel de cuisine, mettez le jus sur la piqûre ; on assure que la douleur et l'enflure cessent à l'instant.

73. CALENDRIER DES PROPRIÉTAIRES D'ABEILLES. *Octobre.* C'est dans ce mois qu'il faut réserver des rayons de miel ou composer un sirop pour la nourriture des ruches faibles. Le miel en rayons est la meilleure nourriture que l'on puisse réserver pour les abeilles des ruches faibles, parce que le miel qu'ils contiennent se conserve en état de fluidité d'une année sur l'autre. Le miel serait bon aussi dans l'état de fluidité où il se trouve, lorsqu'on vient de le séparer de la cire ; mais prenant bientôt une consistance grenue et fort dure, il est nuisible aux abeilles et les fait périr.

Pour suppléer au défaut des rayons de miel, on fait un sirop dont voici la recette : Faites dissoudre du miel dans du vin nouveau, ou de cidre, ou du poiré, ou de la mélasse, dans la proportion d'une livre par bouteille (un demi-kil.), ajoutez un peu de sel en poudre, faites bouillir doucement ce mélange jusqu'à ce qu'il soit réduit en consistance de sirop. Conservez-le dans un vase bouché, au cellier ou à la cave, pour s'en servir comme nous l'indiquerons (*Voyez* le n° 82).

74. *Donner dès ce moment de la nourriture aux ruches faibles.* Etant bien reconnu que les abeilles remontent dans le haut de leur ruche le miel qu'on leur donne au bas, il est bon de donner dès ce mois aux ruches faibles du miel qu'elles remonteront pour leur provision d'hiver. Pour prévenir tout pillage des abeilles des autres ruches, il faut ne donner le miel sous les ruches que le soir, afin que les abeilles puissent le monter pendant la nuit, et si le lendemain matin tout n'était pas remonté, il faudrait retirer ce qui resterait pour le leur rendre encore le soir à l'entrée de la nuit.

75. *Achat des ruches d'abeilles.* On achète des ruches avant ou après l'hiver. Lorsqu'on sera le maître de choisir le tems, il faut préférer d'acheter en février ou mars, parce qu'alors les abeilles ont passé la mauvaise saison et n'ont plus que les risques du printems à courir. Il faut toujours les acheter à plus d'une demi-lieue de l'endroit où on veut les placer, autrement une partie des abeilles achetées retour-

nerait à leur ancien local, et serait perdue. (*Voyez* le n° 21.)

Avant d'acheter, il faut s'assurer, 1° si les ruches sont d'un bon poids, comme de 3o à 4o livres (15 à 2o kil.); 2° on en examinera l'intérieur, afin de connaître si les rayons ne sont pas très-noirs et s'ils donnent une bonne odeur; on peut alors acheter et marquer les ruches pour les reconnaître lorsqu'il s'agira de les enlever, ainsi qu'on le dira bientôt.

76. *Placer les guichets.* Les fraîcheurs faisant monter les abeilles entre les rayons pour y trouver une température plus douce, l'entrée des ruches reste sans défenses. Pour empêcher des animaux de s'y introduire, il faut, si on ne l'a pas fait en septembre, placer un guichet à l'entrée de chaque ruche. Ils se font en petit bois ou en fer-blanc ou en plomb mince, avec une petite entrée (*Voy. pl.* 2, *fig.* 2). On les assujétit avec le pourget.

77. *Ramener les abeilles du pâturage.* Après la fleur du sarrasin, il faut rapporter les abeilles chez leur propriétaire (*Voy.* n° 127).

78. *Dépouiller les ruches ramenées du pâturage.* En plaçant les ruches à leur retour, on marquera celles que l'on jugera pouvoir être dépouillées, et un matin, par un beau soleil, on fera une dépouille, comme il est dit au n° 98; mais comme on va entrer dans la mauvaise saison, il faut le faire avec la modération prescrite par M. *Huber* et que je pose en *préceptes.*

PRÉCEPTES. *On court risque de ruiner absolument ses ruches, quand on s'empare en trop grande mesure du miel et de la cire des abeilles. — L'art de cultiver ces mouches consiste à user sobrement du droit de partager leurs récoltes, mais à se dédommager de cette modération par l'emploi de tous les moyens qui servent à multiplier les abeilles. — Si on veut se procurer, chaque année, une certaine quantité de miel et de cire, il vaut mieux la chercher dans un grand nombre de ruches, qu'on exploitera avec discrétion, que dans un petit nombre auxquelles on prendrait une trop grande partie de leurs trésors. — Il faut toujours laisser une portion de miel suffisante pour l'hiver, car, quoiqu'elles consomment moins dans cette saison, elles consomment cependant, n'étant point engourdies, comme quelques auteurs l'ont prétendu* (58).

79. *Réparer les surtouts*. Il faut mettre en bon état les surtouts que nous avons désignés au n° 62, afin que les pluies ne mouillent ni les couvercles, ni les ruches, et si la pluie avait pénétré, il faudrait aux premiers rayons de soleil découvrir les ruches pour les faire sécher.

80. NOVEMBRE. *Manière de transporter les ruches d'abeilles*. Avant d'enlever les ruches achetées en octobre, il faut reconnaître si elles sont dans le même état qu'au moment de l'acquisition. Les ruches à transporter doivent être préalablement enveloppées, de manière que les abeilles ne puissent en sortir, et ne manquent pas d'air. S'il ne s'agit que d'un petit nombre, on les transporte dans leur position naturelle sur des hottes à dos d'homme, ou sur des civières, ou sur des bêtes de somme, et quand on en a un certain nombre, sur des charettes jonchées de paille, sans y être enfoncées au point de manquer d'air; on les assujétit pour qu'elles ne balottent pas; disposées ainsi, les ruches arriveront à bon port. Etant à leur destination, on les mettra dans le rucher; une demi-heure après, on détachera les serpillières, et si les abeilles sont tranquilles, on les mettra sur leur tablier sans les y lutter; on placera les guichets. (*Voy.* n° 76.)

Un transport de ruches d'abeilles qui vient d'avoir lieu, fera connaître combien cela est facile, du 1er novembre au 15 décembre et du 1er février à la fin de mars. Au mois de février 1812, 105 ruches ont été chargées sur une voiture de roulage, à la *Roche-Abeilles*, commune du Limousin (département de la Haute-Vienne); elles ont été 15 jours en route, et après un voyage de plus de 100 lieues et la voiture ayant cassé en chemin, elles sont arrivées à Paris en bon état, sauf 4 à 5 dont les rayons ont été brisés, probablement lorsque la voiture a cassé: j'ai visité une grande partie de ces ruches, elles sont en osier et de l'ancienne forme, dans les poids de 40 à 90 liv. (20 à 45 kil.), et bien *mouchées*. Pour le voyage, les ruches étaient enfoncées dans la paille et leur ouverture en haut, mais enveloppées dans des serpillières.

En été, lorsqu'on veut conduire les abeilles au pâturage, il faut plus de précautions (*Voy.* n° 127).

81. *Visite des ruches*. Par un tems frais, on visite les ruches afin de connaître leur état et leur pesanteur, on

nettoie les tables. Pour cela, à l'une des extrémités des rangs, on a un tablier posé sur une ruche vide, afin de le tenir élevé à la hauteur des ruches. Sur ce tablier on pose la première ruche, et avec une poignée de paille ou de foin on nettoie la première table sur laquelle on pose la seconde ruche, et ainsi de suite ; puis on rétablit les ruches sur leur table en marquant celles qui sont légères, afin de réunir leurs abeilles à de bonnes ruches. (*V.* n° 13o.) *Voyez* cependant le n° suivant.

82. *Des ruches faibles.* Un Anglais, *Ch. Butler*, a fait des expériences afin de connaître les ruches faibles qu'on pouvait espérer de sauver pendant la mauvaise saison. Il dit qu'on ne peut espérer de conserver des abeilles qui, poids de la ruche déduit, ne pèsent que 10 à 12 livres ; qu'en nourrissant celles qui en pèsent 15, on peut espérer de les sauver ; que celles qui pèsent 15 et 20 liv. ont peu besoin d'être secourues, mais qu'il n'y a rien à craindre pour celles qui pèsent 20 liv. et au-delà (59). Il s'agit de la liv. anglaise qui diffère en moins de notre ancienne liv. d'une once trois huitièmes. J'en ai sauvé qui ne pesaient pas le moindre poids ci-dessus.

Un autre Anglais, *J. Hunter*, a fait une expérience pour connaître presque jour par jour la quantité de miel que les abeilles d'une ruche commune consomment pendant l'hiver ; il dit qu'en trois mois, du 3 novembre 1776 au 9 février 1777, elles avaient consommé 63 onces un gros et demi (6o) ; ce qui fait environ 3 liv. 3 quarts de notre ancien poids. Ainsi il faut compter que les abeilles d'une ruche commune consomment environ 5 liv. (2 kilog. et demi) pendant les cinq mois de la mauvaise saison ; mais une ruche, quelque faible qu'elle soit, a toujours quelques portions de miel à l'entrée de l'hiver, et par cette raison on doit espérer de la sauver en lui donnant peu-à-peu environ 2 à 3 liv. de miel (1 kil.) pendant les cinq mois. M. *Huber* a fait des expériences sur cinq ruches qu'il a sauvées en 1809, avec cette petite quantité de miel (61).

Au n° 12 j'ai dit comment les abeilles retenues par le froid au centre de leur ruche prenaient leur nourriture, ce serait donc au centre qu'il faudrait donner du miel aux abeilles indigentes, ce qui embarrasserait bien des personnes avec les ruches communes ; dans ce cas, je crois que le seul parti à prendre dans les climats où les froids sont longs, et dans le nôtre, si on veut éviter de l'embarras, c'est de réunir les essaims faibles à des ruches pourvues de provisions, comme je le dis au n° 130. Je pense au surplus que, dans notre climat tempéré, ce précepte peut être moins rigoureusement observé, parce que j'ai sauvé des essaims faibles en leur donnant de la nourriture, comme je vais le dire; la raison que je puis en donner, c'est qu'il est rare, encore une fois, que les essaims faibles n'aient pas quelques portions de miel au centre de leur demeure, si on a eu l'attention surtout de leur en donner pendant les dernières nuits d'octobre, qu'elles auront enlevé et placé avec l'espèce de prévoyance que leur instinct leur a donné, nourriture que l'on peut d'ailleurs renouveler dans l'intervalle de nos froids qui ne sont jamais bien longs. Dans cette circonstance, voici les procédés qui m'ont réussi. Si la ruche faible est pleine de rayons jusque sur le tablier, j'enlève son couvercle vide de miel, et je lui en donne un contenant 5 à 6 liv. de rayons (2 à 3 kil.) pleins de miel. Si je n'ai que des rayons détachés, je les mets dans une assiette que je pose sur le plancher, et je la couvre avec un couvercle vide, après avoir ôté la baguette qui la traverse. Si les gâteaux de la ruche faible ne descendent pas jusque près de la table, je pose l'assiette contenant les rayons sur le tablier, et je la couvre avec la ruche; si je n'ai que du sirop, je le mets de même au haut ou au bas de la ruche, en le couvrant de brindilles de paille.

83. *Mettre les abeilles en état de se conserver pendant l'hiver.* Il y a peu d'insectes aussi sensibles au froid que les abeilles; elles périraient toutes placées une à une dans un air tempéré, mais réunies dans une bonne ruche, elles ne craignent pas les froids : il est même avéré que les hivers rigoureux sont plus sains pour elles et plus profitables aux propriétaires que les hivers doux. Pendant les froids, ayant moins de vigueur, elles consomment peu, au lieu que pendant les hivers doux elles consomment beaucoup, et la ruche continuellement pleine des vapeurs qui s'exhalent du grand peuple qui y est retenu, deviendrait une habitation humide, mal saine et meurtrière, si les vapeurs ne pouvaient s'échapper et l'air s'y renouveler. Voici donc ce que je crois que l'on doit faire. Si on laisse les ruches en plein air, il faut

les placer sur des hausses de 3 à 4 pouces d'élévation (80 à 100 mill.) sans les lutter sur les tables, afin que l'air puisse y circuler et se renouveler; il faut les affubler de bons surtouts qui mettent les ruches à l'abri de la pluie, de la neige, du soleil, en laissant libre la sortie des abeilles par le guichet, et en mettant un cerceau sur le surtout pour tenir la paille contre les vents, coiffer enfin le surtout avec un pot. (*V.* n° 60 et *pl.* 2 *fig.* 7). Dans cet état, les ruches passeront l'hiver sainement.

Si on ne laisse pas ses ruches dehors, il faut, au mois de novembre, les placer sur leurs tables dans des greniers ou autres pièces saines, aérées, *et absolument obscures*, donner de la nourriture à celles qui en ont besoin, et les laisser ainsi dans le silence et l'obscurité jusqu'aux premiers beaux jours de février. Dans cette position les surtouts sont inutiles; on ouvre quelquefois pendant les froids pour renouveler l'air; je le fais ainsi parce que je crains qu'on ne me les vole, et je les mets toutes sur des ruches vides sans plancher pour leur donner un plus grand volume d'air, ce qu'on ne pourrait faire dehors dans la crainte de donner sur des ruches ainsi élevées trop de prise au vent.

84. DÉCEMBRE et JANVIER. Pendant les froids on ne doit ni transporter ni toucher aux ruches, parce que le mouvement qu'on donnerait aux abeilles les désunirait, et n'ayant plus assez de vigueur pour se réunir elles périraient.

85. FÉVRIER et MARS. *Dégels.* Lors des dégels les vapeurs qui se sont exhalées et qui s'exhalent des abeilles, donnent quelquefois une humidité telle que l'eau coule intérieurement le long des parois des ruches et s'arrête sur les tables. Dans cette circonstance, il faut déplacer doucement les ruches, comme on l'a dit au n° 81, et essuyer les tables afin de prévenir la moisissure.

86. *Fontes de neige.* Lorsque la neige fond par un soleil un peu ardent, ce qui arrive ordinairement en février et mars, les abeilles trompées par une douce température sortent, la neige les éblouit, et comme elles volent fort bas, la fraîcheur les saisit, elles tombent et périssent; il faut prévenir cet accident en bouchant momentanément les guichets, en laissant les petits trous au-dessus de l'entrée libres, pour laisser de l'air aux abeilles; quand la neige est bien fondue, on leur rend la liberté.

87. *Donner de la nourriture aux abeilles des ruches faibles.*
C'est au mois de février, à la sortie de l'hiver, lorsque les
abeilles commencent à prendre leur essor, qu'il faut donner
aux *ruches faibles* l'aliment que la campagne leur refuse ;
il faut leur donner peu à-la-fois et souvent, jusqu'à ce
qu'elles puissent atteindre la saison des fleurs. (*V.* n° 82).
Pour plus de facilité il faut, pendant l'hiver, mettre à la
suite l'une de l'autre les ruches faibles, afin qu'on ne soit
pas exposé à les chercher lorsqu'elles seraient éparses.

88. *Achat des ruches.* Les froids étant passés, on peut
acheter des ruches, comme on l'a dit au n° 75, et les transporter comme il est dit au n° 80.

89. *La dyssenterie.* C'est communément à la fin de février et au commencement de mars que la dyssenterie se
manifeste dans les ruches ; mais en soignant les abeilles
comme nous avons dit, elle est fort rare ; si elle se manifes-
tait, il faut y porter remède comme nous l'avons dit au n° 32.

90. *Remettre à l'air les ruches qui ont passé l'hiver dans
l'intérieur.* Pour cela, il faut, dans le mois de février ou de
mars, suivant les climats, profiter d'une ou plusieurs ma-
tinées douces, le soleil brillant, parce que les abeilles qui
sortiront aussitôt qu'elles se sentiront à l'air et au jour, pour
se vider, ne pourraient rentrer, si le soleil s'obscurcissait,
avant les trois ou quatre heures après-midi, et il en périrait
un grand nombre. Voici ce que je fais. J'entre dans la pièce
obscure avec une lanterne ; j'ai un tablier léger que j'élève
à la hauteur des ruches que je veux sortir. Je prends une
ruche ; je la pose doucement sur le tablier, le derrière de
la ruche devant moi ; je pose un linge devant l'entrée, afin
de retenir les abeilles, et je la porte dans le rucher. Il n'est
pas nécessaire de la mettre à la même place que l'année
précédente. Les ruches lourdes sont portées sur un bran-
card ; et dans cette opération, j'ai grand soin de ne point
donner de jour à la pièce obscure, afin que les abeilles ne
sortent pas. (*Voyez* les inconvéniens de leur sortie à la fin
de la 9ᵉ note.)

91. *Fleurs pour la seconde saison, et arbres verts résineux.* En mars il faut, par de petits travaux, préparer aux
abeilles des fleurs pour la seconde saison qui finit avec le
mois d'octobre. L'article serait un peu long si je parlais des
fleurs que je connais pour cette seconde époque. Voici i-

peu-près ce que je fais et qui me suffit, sauf aux propriétaires à multiplier les fleurs qui croissent dans les contrées qu'ils habitent. J'éclate les pieds d'origan ou marjolaine, de sariette vivace, et j'en fais de longues bordures ; j'éclate aussi le laurier saint Antoine, les asters, les mélisses, les baumes, l'astrance, la bétoine, le jasminoïdes ; je sème les mauves, la bourrache, le bouillon blanc, la buglose, l'herbe à charpentier, le baume du Pérou, la mélisse de Moldavie, le réséda, etc. plantes dont la majeure partie se resème d'elles-mêmes, quelques bruyères, et en juillet je sème environ un hectare (2 arpens) en navette d'été, etc. ; avec ces plantes, mes abeilles sont en mouvement, et ont des fleurs jusqu'aux gelées.

C'est dans ce mois et celui de septembre que l'on transplante les arbres verts.

92. *Procurer de l'eau aux abeilles.* C'est au printems que les abeilles ont le plus besoin d'eau ; les propriétaires qui n'en ont pas dans leur voisinage doivent leur en procurer, et la disposer de manière qu'elles ne soient pas exposées à se noyer. Pour cela, ils auront deux ou quatre baquets d'environ 8 à 10 pouces de profondeur (21 à 27 cent.), ils les enterreront à fleur de terre près de leur puits, les uns à côté et sous la pente des autres ; ils y mettront de la terre et la couvriront d'eau pure ; ils planteront dans chacun trois ou quatre brins de cresson de fontaine : ce cresson couvrira bientôt les baquets ; sa végétation entretiendra l'eau dans sa pureté ; les abeilles y viendront sans danger pour elles. Il faut que ces baquets soient entretenus pleins d'eau pendant l'été. Comme les abeilles sont très-propres, on usera de ce cresson dans le ménage, sans quoi il deviendrait trop épais.

93. AVRIL. *Préparer le transvasement des abeilles des ruches villageoises pleines, dans des ruches vides.* PRÉCEPTE. *On ne doit mettre en transvasement que les ruches qui sont* LOURDES *et* PLEINES, *parce qu'elles pourraient être* PLEINES *de rayons de cire et* LÉGÈRES *de miel ; dans ce cas les abeilles passeraient la saison à amasser du miel dans les vieilles ruches, et ne travailleraient point dans les nouvelles.*

Des propriétaires hésitent de mettre leurs abeilles en transvasement, comme je l'indique, parce qu'ils craignent que cela ne les empêche de donner leurs essaims. Je crois cette crainte non fondée, parce que, toutes les fois que j'ai mis des abeilles en transvasement, j'ai remarqué qu'elles donnaient des essaims dans la même proportion que celles non disposées à cet effet ; j'ai seulement observé que les abeilles des ruches mises en transvasement qui donnaient des essaims travaillaient peu dans les ruches nouvelles, et que le transvasement ne pouvait bien s'effectuer que dans l'année suivante. Il faut comparer les essaims à des fruits qui tombent lorsqu'ils sont mûrs. Lorsque les essaims sont à leur point de sortie, il faut qu'ils désertent ; la grandeur du local les en empêche si peu, que des abeilles logées dans des grands troncs d'arbres, dans des cheminées, dans des galetas, donnent des essaims comme les abeilles logées dans nos petites ruches.

Le but des propriétaires d'abeilles étant donc de retirer de la cire et du miel de leurs ruches, ils doivent, à la fin de ce mois ou au commencement de mai, mettre les ruches lourdes et pleines dans une position qui oblige les abeilles à travailler dans de nouvelles ruches. Pour cela, ils enleveront la ruche pleine de dessus son tablier, en mettront une vide sans couvercle à sa place, et sur cette nouvelle ruche ils placeront la vieille dont ils boucheront l'entrée. Les abeilles n'ayant plus d'issue que par la ruche nouvelle, s'y habitueront aussitôt. Leur nombre augmentant par la naissance journalière du couvain, gênées dans la ruche pleine, et leur instinct les forçant au travail, si le miel abonde dans la saison, elles s'établiront dans la nouvelle ruche. Les deux ruches doivent rester réunies jusqu'à ce que des édifices aient été contruits dans la ruche nouvelle, et que le couvain de la vieille ait eu le tems de prendre son essor, ce qui arrive communément au mois de septembre ou à la même époque de l'année suivante. (*Voy.* n° 128.)

94. *Préparer le transvasement des abeilles logées dans des ruches de l'ancienne forme.* Le précepte mis en tête du numéro précédent s'applique aussi à celui-ci. Les propriétaires qui auront des ruches d'une seule pièce *pleines* et *lourdes*, et qui voudront adopter la ruche villageoise, mettront *sous* chacune de leur ruche de l'ancienne forme, une ruche villageoise sans son couvercle ; ils les luteront l'une sur l'autre, tellement que les abeilles de la ruche supérieure soient obligées de sortir par la nouvelle ; ils laisseront les

deux ruches réunies, comme il est dit au n° précédent.
(*Voy.* n° 129.)

95. *Fausse teigne* (*Voy.* n° 46). Le papillon de cette
vermine commence à paraître dans ce mois, et on le voit
jusqu'au mois d'octobre; on en détruira autant que l'on
pourra. Il ne faut ni chasser, ni effrayer les chauve-souris
qui volent autour des ruches, parce qu'elles saisissent ces
papillons et les avalent tout entier (62).

96. *Oter les guichets.* (*Voy.* n° 76.)

97. *Apprêt des ruches.* La saison des essaims approchant,
il faut se précautionner de ruches vides dans les dimensions
indiquées aux n°ˢ 56 et 57. La proportion doit être d'un
quart en sus, c'est-à-dire, que si on a 40 bonnes ruches,
il faut s'en procurer 50 vides. Il serait très-rare d'avoir
besoin de ces 50 ruches, mais cela peut arriver, et il vaut
mieux en avoir de reste que d'en manquer au besoin.

98. *Première dépouille de l'année.* (*Il y a des* PRÉCEPTES
*sur ce point qui sont plus applicables aux autres dépouilles
qu'à celle-ci.*) Lorsqu'on voit la belle saison établie, on
soulève les ruches ayant des couvercles pleins de l'année
précédente; si ces ruches sont à-peu-près *pleines* et *lourdes*
en même tems, on enlève les couvercles pleins.

Lorsqu'on veut savoir l'état des couvercles, on frappe
dessus comme on frappe sur un tonneau pour savoir s'il
est vide ou plein. On laisse ceux qui rendent un son creux,
on marque ceux pleins qui donnent un son mat; comme
les abeilles enduisent avec *la propolis* la fente qui se trouve
entre le couvercle et la ruche, on y fait passer un fil de fer
et on laisse le couvercle en place pendant plusieurs heures
ou jusqu'au lendemain, afin que les abeilles qui, dans cette
saison, s'irritent facilement à cause du nombreux couvain
que les ruches contiennent, se calment de l'agitation exci-
tée par le mouvement fait autour et au-dessus d'elles. Le
lendemain matin, le soleil brillant, on frappe deux ou trois
petits coups sur le corps de la ruche pour y attirer la reine
qui pourrait être dans le couvercle (*Voy.* n° 6). Un instant
après, on enlève le couvercle sans s'inquiéter des abeilles
qui y sont, on le remplace aussitôt avec un couvercle vide;
mais si on y aperçoit du couvain, ce qui peut avoir lieu
dans cette saison, on le remet à l'instant; si non, on porte
ces couvercles dans une pièce obscure, en laissant un petit

passage au jour, grand comme l'entrée d'une ruche. Les couvercles enlevés doivent être posés dans leur état naturel sur des terrines d'un diamètre un peu plus grand que celui des couvercles, et encore pour donner aux abeilles plus de facilité de s'échapper, les couvercles seront tenus soulevés dans leur état naturel, par deux bâtons plats posés sur les bords des terrines : en mettant sur ces couvercles une latte ou bâton qui répond au point de clarté qui pénètre dans la pièce obscure, on voit bientôt les abeilles le suivre comme un chemin pour sortir et retourner à leur ruche. A défaut de pièce obscure, on peut se servir d'une caisse fermée n'ayant qu'un point de clarté. On laisse ces couvercles pendant une heure ou deux, sans que les abeilles du dehors viennent les piller dans l'obscurité. Pendant ce tems, on va aux ruches dépouillées; si, sur le plancher, il est resté quelques portions de rayons, on les enlève avec une ratissoire, afin que les abeilles ne puissent s'en servir comme fondement pour élever des édifices en remontant, et on lute les nouveaux couvercles. Si les abeilles se mettent en colère, ce qui est assez commun dans cette saison, on a près de soi la poêle fumante. C'est en faisant cette dépouille qu'on reconnaît combien il est nécessaire que les planchers affleurent bien le haut des ruches. On retire enfin de la pièce obscure les couvercles, lorsqu'il n'y a plus d'abeilles, on les enferme, placés sur des terrines dans leur état naturel, et lorsqu'on a plusieurs couvercles pleins, on manipule le miel comme il est dit aux n°s 133 et 134, et on fait fondre la cire comme on le verra aux n°s 141 et 142. J'observe qu'il ne faut pas tarder à faire fondre la cire, parce que dans cette saison elle serait bientôt dévorée par la teigne.

Il est très-rare qu'en faisant cette dépouille, on enlève la reine : si cela arrivait, on s'en apercevrait trois quarts-d'heure après l'enlèvement, par l'agitation des abeilles à l'entrée de la ruche dépouillée; alors on reporterait le couvercle enlevé que l'on replacerait sur la ruche, pour le retirer le lendemain.

99. *Idées générales sur les essaims.* Les essaims se composent d'une reine, d'un certain nombre de faux-bourdons ou mâles, et d'une quantité considérable d'abeilles ouvrières; ce sont ces réunions qui forment des nouvelles ruches. Cinq mille abeilles pèsent environ une livre (demi-

kil.); un essaim de quinze mille mouches est faible; il est
médiocre lorsqu'il pèse 4 liv. (2 kil.). Il y en a qui pèsent
8 kil..; ces derniers ne sont pas à désirer, parce qu'ils éner-
vent leur souche, qu'il faut alors secourir, comme il est
dit au n° 130.

100. Essaims artificiels. *Manière de les faire à vue;
avantages qui en résultent.* Les essaims artificiels ne diffè-
rent point des *essaims naturels*, d'après une suite d'expériences que j'ai faites en 1812; les uns se comportent comme
les autres. Dans les *essaims artificiels*, il y en a, comme
dans les *essaims naturels*, qui travaillent plus les uns que
les autres; dans les uns comme dans les autres, cela dépend
de la fécondité des reines de chaque essaim et des subsistances que les abeilles peuvent trouver dans la contrée
qu'elles habitent. J'ai reconnu que les ruches, dont on a
extrait un et même deux *essaims artificiels*, donnent encore
un et même deux *essaims naturels*, que dans les seconds
essaims artificiels, on y voit, comme dans les seconds
essaims naturels, plusieurs reines. Ces essaims en donnent
d'autres comme les *essaims naturels*. Un de mes essaims
artificiels du 29 mai a jeté le 29 juin, mais heureusement
cet essaim est rentré dans la ruche d'où il était sorti; enfin
tout m'a paru égal, si ce n'est que, dans les *essaims naturels*, les abeilles se balancent devant leur ruche, dès le
lendemain de leur sortie des mères ruches, tandis que les
abeilles des *essaims artificiels* sont quelquefois deux et trois
jours sans sortir de leur nouvelle ruche. En faisant des
essaims artificiels de bonne heure, on y trouve le très-
grand avantage de leur procurer toute la belle saison pour
amasser des provisions, et encore celui de prévenir la destruction des jeunes reines par l'enlèvement de la reine-
mère. (*V*. n° 26.)

Dans notre climat du centre la grande ponte des reines-
mères finit en mai et juin, mois marqués pour la sortie
annuelle de nos essaims; dans d'autres climats, elle commence et finit un peu plus tôt ou un peu plus tard.

Cet ordre nous indique l'époque où nous pouvons faire
des *essaims artificiellement;* car si nous en faisons d'après les
procédés de *Schirach*, ou avec des ruches qui en donnent
la facilité, dans des tems où il n'y a plus de faux-bourdons
ou mâles, nous forçons les abeilles-ouvrières à se procurer

des reines qui ne peuvent être fécondées, et conséquemment nous désorganisons et perdons nos ruches. *Dans la suite de nos expériences*, dit M. Huber, *qui ont dérangé plus ou moins l'ordre des choses, il est arrivé très-souvent que les reines, qui ne parvenaient qu'à onze mois, en octobre, commençaient alors leur ponte de mâle, et les ouvrières construisaient des cellules royales, sans qu'il en pût résulter des essaims à cause de la saison*, etc. (63).

M. *Bosc*, membre de l'Institut, en répétant les expériences de M. *Huber*, a reconnu que les ruches ainsi traitées, étaient bientôt perdues.

Ayant conçu le moyen de faire des essaims *artificiellement* sans altérer l'ordre naturel, mes premières idées publiées en 1807, ont été tellement saisies, qu'il en a été fait un très-grand nombre ; de mon côté, je puis en parler d'après ma propre expérience.

Précepte. *Dans tous les climats on peut se procurer artificiellement des essaims, des mères-ruches, huit à dix jours après y avoir aperçu des faux-bourdons.*

Dans notre climat du centre les faux-bourdons se montrent ordinairement à la fin d'avril ; mais il faut attendre que la belle saison soit bien établie, ce qui nous arrive dans les quinze premiers jours de mai.

Le moment de faire alors des essaims, c'est depuis neuf heures du matin jusqu'à une heure, par un tems calme, le soleil brillant.

Le point, c'est de faire passer partie des abeilles d'une ruche pleine dans une vide, par le moyen de la fumée; mais comme il est reconnu que les abeilles que l'on chasse, par quelque procédé que ce soit, d'une ruche pleine dans une ruche vide, passent lentement en marchant en groupe et non en volant, on peut observer ce passage sans crainte, comme on va le dire, afin de connaître le volume des abeilles passées dans la nouvelle ruche, et être sûr de ne pas en enlever trop ou pas assez (65).

Pour avoir un essaim d'une ruche-mère, j'approche un tabouret propre à cette opération (66), la poêle fumante (*pl.* 2, *fig.* 9), et deux ruches vides sans plancher, l'une sans couvercle, l'autre ayant le sien détaché.

Je décolle le couvercle de la mère-ruche, sans le déplacer encore.

· J'enlève cette ruche de dessus sa table et la pose sur le tabouret. Je mets sur la table celle des deux ruches vide qui n'a pas de couvercle, afin d'y recevoir les abeilles qui rentrent. Je frappe quelques petits coups sur le corps de la ruche - mère, j'enlève son couvercle et le met sur la ruche posée sur la table.

Sur la ruche-mère sans couvercle, je pose l'autre ruche vide ; avec du pourget ou avec un cordon préparé (67) je ferme les issues que les abeilles peuvent avoir au bas de la mère-ruche, et j'introduit la poêle fumante dans le tabouret sous la mère-ruche.

Ces petits arrangemens doivent être l'affaire d'un moment. La fumée chassant les abeilles de la ruche pleine dans celle vide, j'ôte le couvercle, et je vois les abeilles monter de l'une dans l'autre ; je vois le volume des abeilles passées, et lorsque je crois mon but remplit, je sépare les deux ruches, je pose celle contenant le nouvel essaim sur un tablier léger, je remets la vieille ruche à sa place en lui rendant son couvercle. Les premiers essaims que j'ai faits ainsi, réussissaient quand ils avaient leur reine ; d'autres sans reine désertaient les ruches nouvelles pour retourner à leur souche, ce qui causait de l'agitation dans le rucher. Pour remédier à cela, j'ai d'abord enfermé les nouveaux essaims dans leur ruche en leur laissant de l'air : cela était bon quand la reine y était ; mais si elle n'y était pas, les abeilles enfermées s'agitaient pour sortir de leur prison et auraient bientôt péri.

Pour prévenir tous les inconvéniens, j'ai pris le parti de faire trois et jusqu'à six *essaims artificiels* de suite, et de les porter, à mesure que je les fais, dans une pièce privée de l'accès du jour ; là je place les ruches nouvelles sur la même table, j'ôte le couvercle, et je pose sur chacune une ruche vide avec son plancher, et dessus je mets le couvercle de l'essaim ; trois quarts d'heure après je sais si j'ai réussi, c'est-à-dire si j'aurai tous les essaims que j'ai faits, ou si je n'en aurai qu'une partie. Si les abeilles des ruches d'où j'ai enlevé les essaims sont agitées à leur entrée, c'est que la reine n'y est plus, et qu'elle est dans l'essaim enlevé ; si, au contraire, les abeilles de ces ruches sont tranquilles, cela indique que je n'ai pas enlevé la reine, et alors l'essaim est manqué. Dans ce cas, les abeilles sans reine, dans la pièce obscure et sur la même table, se réunissent d'elles-mêmes à celles qui ont une reine sans la moindre querelle, et cela forme de forts essaims. Cependant, je dois citer un fait sur ce point. Les trois derniers essaims artificiels que j'ai faits au mois de juin 1812, étant dans la pièce obscure, j'ai vu de l'agitation à la porte des trois ruches-mères, et dès-lors j'ai jugé que mes essaims étaient bons; trois heures après j'ai aperçu un groupe d'abeilles sous la table de la ruche d'où j'avais tiré le dernier essaim, et l'examinant j'y ai vu une reine; mon premier mouvement a été de la prendre et de la remettre dans la ruche; le calme s'y est rétabli aussitôt. A peine ai-je eu fait cela, j'en ai été fâché, croyant que j'aurais mieux fait de porter cette reine à la ruche du dernier essaim. Le soir, après le soleil couché, j'ai sorti les deux premiers essaims, qui étaient bien tranquilles, et les ai portés à la place que je leur avais destinée, comme je vas le dire; cela fait, je suis venu retirer la troisième ruche, dans laquelle j'ai été fort surpris d'y trouver aussi l'essaim; comme c'était un second essaim artificiel que je tirais de la ruche-mère, il n'est pas douteux que, dans l'agitation causée par la fumée, une jeune reine se sera échappée de son alvéole, qu'alors il y aura eu deux reines libres dans la ruche, et que l'une des deux sera passée avec les abeilles de l'essaim, ainsi que cela a lieu quelquefois dans les seconds et troisièmes essaims naturels. (*V.* n° 26.)

En mettant les essaims que je fais dans une pièce obscure, j'y trouve l'avantage de ne pas mettre de mouvement dans mon rucher, j'y vois la réunion tranquille qui se fait des abeilles sans reine avec celles qui en ont; j'empêche la désertion d'une partie des abeilles qui a communément lieu pour retourner à leur souche. Je ne sors les abeilles de la pièce obscure qu'après le coucher du soleil, j'éloigne ces nouveaux essaims des mères-ruches, je les place dans un endroit où les abeilles ne seront pas exposées à l'ardeur du soleil; le lendemain, dès le matin, je les enferme de nouveau pour la journée, et après une réclusion d'environ quarante heures, y compris le tems des nuits, je leur donne une entière liberté; les abeilles ne désertent plus, et bientôt ces essaims ne se distinguent plus des essaims naturels.

Un amateur, M. *Binet,* fait des essaims artificiels sans déranger les mères-ruches de dessus leur table. Il enlève le couvercle, pose à sa place une ruche renversée, c'est-à-dire ayant son plancher contre celui de la mère-ruche; il enfume par l'entrée des abeilles avec un enfumoir; les abeilles passent dans la ruche renversée, et quand M. *Binet* croit qu'il y a assez d'abeilles, il sépare, retourne la ruche nouvelle, lui donne un couvercle et l'éloigne. Avec mes procédés je trouve l'avantage d'opérer plus promptement et d'agir avec plus de tranquillité, en ce que la fumée qui sort de dessous le tabouret, me fait une espèce d'atmosphère qui ne permet pas aux abeilles de me tourmenter.

Si on a réservé des ruches ou des couvercles vides d'abeilles dans lesquels se trouvent quelques gâteaux de cire, il faut s'en servir de préférence pour les essaims artificiels, parce que les abeilles y trouveront de l'ouvrage commencé, et la reine des alvéoles pour y pondre si elle est pressée de le faire.

101. *Essaims naturels, signes de leur prochaine sortie.* Ces signes sont lorsque les mâles sortent en grand nombre de midi à trois heures, lorsque les tabliers sont humides le matin à l'entrée des ruches, humidité qui annonce la chaleur qui y règne, à cause des abeilles qui y sont entassées, lorsque le soir on entend dans les ruches un bourdonnement confus, dans lequel on distingue un son aigu comme le chant de la cigale et qui paraît être l'action d'une seule abeille.

102. *Tems propre au départ des essaims.* Les essaims ne quittent communément les mères-ruches que par un tems calme, le soleil se montrant, et encore les jours qui menacent de donner des orages, et dans tous les cas, y ayant du miel dans les fleurs ou de la miellée sur les végétaux.

103. *Des ruches qui regorgent d'abeilles (qui font la barbe).* Depuis plus de 20 ans que je soigne des abeilles, j'ai toujours vu avec déplaisance ces groupes d'abeilles se tenir oisifs près et hors l'entrée de leur ruche, dès le commencement de la belle saison, et qui souvent ne donnent pas d'essaims; j'ai essayé plusieurs moyens afin de parer à cet inconvénient; ce n'est qu'en 1811 que j'ai obtenu un succès assez important sur les trois premières ruches qui ont présenté ces groupes dehors. J'ai soulevé ces ruches et placé dessous trois cales de 2 pouces (54 millim.) d'épaisseur, ces cales posées triangulairement sur les tabliers des ruches,

de manière qu'en me baissant, je voyais le bas des rayons.
Les abeilles sont rentrées aussitôt, et ont travaillé à pro-
longer leurs rayons dans le vide des ruches soulevées. Les
abeilles d'une des trois paraissant plus actives, j'ai mis de
nouvelles cales sur les premières, et la ruche, à ce moyen,
était soulevée de 4 pouces (108 millim.). Les abeilles ont
encore rempli le nouveau vide, et de plus ont travaillé
de côté; et hors le dans-œuvre de la ruche, je voyais les
abeilles de très-près, sans qu'elles en fussent émues, je
voyais les progrès de leurs travaux, je voyais quand elles
les suspendaient n'y ayant point de miel dans les fleurs,
quand elles les reprenaient le miel reparaissant; je le voyais
aussi aux différentes nuances de la cire des rayons prolon-
gés. A la fin d'octobre, ces trois ruches étaient *les plus
lourdes* du rucher. Alors, avec un peu de fumée, j'ai éloigné
les abeilles, coupé la cire excédante et rétablit ces ruches
sur leurs tables. Ce fait m'avait donné l'idée des tabliers percés pour porter les ruches, mais cela était si coûteux que
j'y ai renoncé; cependant je me propose d'y revenir avec
un châssis formé par trois à quatre pieds de tabouret, que
je ferai assembler et sceller dans un massif de plâtre (*Voy.*
n° 60).

104. *Quand il faut veiller à la sortie des essaims.* J'ai
recueilli une série d'observations qui donnent à croire que
les abeilles sorties en essaim, et qui sont abandonnées à
elles-mêmes, c'est-à-dire, qui ne sont pas recueillies à leur
premier vol en sortant des mères-ruches, vont, par quelques-
unes d'elles, à la recherche des lieux où elles puissent les
loger à l'abri des injures de l'air, et que lorsque ces lieux
sont trouvés, tout l'essaim non recueilli y vole en droite
ligne (69). Si donc on ne veut pas perdre d'essaims, il faut
garder les ruches.

D'après un ou plusieurs des signes énoncés au n° 101,
il faut veiller sur les ruches depuis 8 à 9 heures du matin
jusqu'à 3 heures après midi. Ce précepte général a quelques exceptions, car, après une nuit très-chaude, j'ai eu
un essaim à 6 heures du matin, et j'en ai eu un autre à six
heures du soir. Lorsque les ruches sont soignées, que les
abeilles voyent souvent du monde, et qu'elles ne sont pas
à la proximité des bois, j'ai éprouvé que si on a des arbres
nains à la proximité du rucher, on pouvait se dispenser de

garder les essaims avec une persévérante assiduité, parce qu'ils s'attachent aux arbres voisins après leur premier vol: c'est ce qu'on doit vérifier de tems à autre.

105. *Moment de la sortie des essaims et de ceux qui retournent à la mère-ruche d'où ils sont sortis.* Un essaim qui sort, cause un bourdonnement extraordinaire auquel on ne peut se méprendre. Les premières abeilles qui sortent se retournent, se balancent un instant devant la ruche et s'enlèvent. A ce moment, les abeilles sortent en foule, les premières sorties conduisent les autres; la reine sort ensuite et se joint à l'essaim. Si l'essaim, avant ou après s'être fixé et même mis dans une ruche, est dans l'agitation, ce qui se manifeste par un grand bourdonnement et les courses confuses que font les abeilles de l'essaim, il est certain que la reine n'est pas avec elles; alors il faut chercher à partir de la ruche d'où il est sorti : on trouve d'autant plus facilement cette reine, qu'elle est toujours accompagnée d'une espèce de cortège; on la prend doucement sans crainte d'être piqué, et on la réunit à l'essaim où le calme renaît à l'instant. Si la reine n'est pas sortie de la ruche, l'essaim y retourne.

106. *Moyen propre à arrêter les essaims.* Les abeilles d'un essaim ne sont point à craindre, n'ayant point de couvain à défendre; considérez-les tranquillement lorsqu'elles sortent, presque toujours l'essaim s'abaisse et se fixe sur un arbrisseau voisin, à ce moment il tourne sur lui-même: si l'essaim s'élevait à 12 à 15 pieds (3 à 4 mèt.), il faut ramasser de la terre en poussière et la lui jeter à pleines mains; *et comme il n'y a rien que les mouches évitent plus que la poussière qui tombe* (70), les abeilles frappées par les grains de cette poussière s'abaissent et se fixent pour se mettre à l'abri de cette espèce d'orage; il ne faut pas faire autre chose.

107. *Droit du propriétaire sur ses essaims.* L'espèce de charivari que l'on fait dans les campagnes, au moment du départ des essaims, n'est bon que dans le cas où un essaim s'éloigne, afin d'avertir que le propriétaire est à sa suite et qu'il entend en conserver la propriété. Si un essaim se fixe chez des voisins, le propriétaire qui l'a suivi a le droit de le prendre, en payant les dégâts que la suite et la prise peuvent avoir occasionnés (71).

108. *Essaims fixés.* Dans toutes les positions, il faut se hâter de les cueillir, parce qu'ils ne resteraient pas long-tems à la même place si le soleil donnait sur eux avec violence. Si par quelques raisons on ne pouvait les cueillir tout de suite, il faudrait prévenir un second départ en leur faisant un abri contre le soleil, les vents et la pluie.

109. *Amadouer les essaims.* Il faut, au moment où l'on va les cueillir, frotter la ruche neuve avec des plantes de bonne odeur, telles que les feuilles de mélisse, de baume, de thym, de fèves de marais, etc., ou avec un peu de miel ou avec de l'urine dont on arrose la ruche; je laisse à deviner comment, si la ruche a servi, elle *amadouera* mieux les essaims; on appelle encore *amadouer* quand l'essaim fixé dans un endroit où il est difficile de le cueillir, on l'attire dans un autre du voisinage avec du miel.

110. *Manière de cueillir les essaims.* Dans ce cas, il faut agir tranquillement et sans crainte; bien des personnes les cueillent le visage découvert et les mains nues, je le fais ainsi; mais si on craint, il faut s'affubler la tête, mettre des gants de laine et se couvrir les jambes. On recommandera le silence aux personnes présentes, on aura une ruche avec son couvercle détaché; on posera la ruche à terre, ou sur un tablier léger; on fera porter la ruche d'un côté sur un petit bâton ou sur une pierre, afin que les abeilles puissent y entrer et en sortir facilement; on mettra aussi un petit bâton sur un des bords du plancher, on prendra le couvercle dans lequel on fera tomber l'essaim en secouant la branche où il sera fixé, ou s'il est après un corps solide, en le faisant tomber dans le couvercle avec un paquet de plumes ou autres matières douces: on tiendra pendant un instant le couvercle, l'ouverture en haut, afin que les abeilles qui seront tombées sur le dos puissent se retourner, et l'on posera doucement le couvercle sur la ruche. Lorsque l'essaim sera cueilli, si la reine est dans la ruche les abeilles y resteront, si non elles déserteront pour aller la rejoindre, alors on le cueillera de nouveau; quand l'essaim est dans la ruche et qu'il y paraît fixé, on retire le petit bâton mis sur le plancher, on attache le couvercle, on le lute après le corps de la ruche, et on le porte aussitôt à la place qui lui est destinée, afin de prévenir le mélange avec ceux qui pourraient sortir.

111. *Essaim fixé à terre.* Il suffit de couvrir l'essaim avec une ruche qui touchera terre du côté du soleil et sera un peu soulevée de l'autre, l'essaim y montera aussitôt.

112. *Essaim fixé dans un lieu élevé.* Si un essaim est fixé si haut qu'on ne puisse l'atteindre, il faut l'enfumer avec un linge en forme d'andouille attaché avec un fil de fer à un grand bâton, afin de l'obliger à un nouvel essor, pour qu'il se fixe dans un lieu bas où on puisse le cueillir.

113. *Essaim divisé en pelotons.* Lorsqu'un essaim en se fixant se divise, c'est la preuve qu'il y a plusieurs reines, chaque peloton ayant la sienne; il ne faut pas se presser de le cueillir, les pelotons les moins nombreux abandonnent leur reine pour se réunir au plus gros. Les reines abandonnées se réunissent aussi; il faut mettre le tout dans la même ruche, les reines se battront entre elles jusqu'à ce qu'il n'en reste qu'une.

114. *Des essaims qui se mêlent, et de ceux qui se jettent dans de vieilles ruches.* Lorsque des essaims sortent en même tems, ou à peu d'intervalle les uns des autres, ils se mêlent quelqu'effort que l'on fasse pour les séparer; dans ce cas, lorsqu'ils sont réunis dans une ruche, il faut étendre un drap à terre, sur lequel on égrainera les abeilles par une longue traînée; elles ne s'envoleront pas. Dès qu'on apercevra un groupe qui indiquera la présence d'une reine, on la couvrira avec un gobelet de verre, les abeilles rentreront dans la ruche avec l'autre reine; on emportera la reine du gobelet. Après le coucher du soleil et dans une petite obscurité, on apportera une ruche vide près celle pleine, on fera tomber sur le drap environ moitié des abeilles, on les couvrira avec la ruche vide, emportant l'autre à quelque distance, les abeilles monteront dans la ruche vide : une heure après on viendra écouter les deux ruches, l'une sera calme, l'autre agitée; on donnera à cette dernière la reine du gobelet, la tranquillité s'y établira dans un instant, et les deux ruches pourront être placées dans le rucher, sans qu'il y ait à craindre une nouvelle réunion.

Les essaims qui se jettent dans les ruches-mères causent communément un grand désordre, parce que ces mères contiennent du couvain que leurs nourrices veulent défendre; il faut se hâter de les enfumer dans la ruche et aux environs, cela les apaisera.

115. *Acheter des essaims pour former un rucher.* Il n'y a que des propriétaires voisins d'environ une lieue à la ronde, qui puissent utilement se procurer des abeilles ainsi, parce qu'il faut que les essaims soient transportés doucement et à bras le jour même qu'ils auront été recueillis.

116. *Des forts essaims.* Il y en a de tellement forts qu'ils n'ont bientôt plus de place dans la ruche qu'on leur a donnée; il faut alors en ajouter une sous la première en fermant l'entrée de celle du haut; cette seconde ruche sera bientôt pleine si l'année est favorable à la sécrétion du miel, et on pourra faire une copieuse dépouille. (*V.* n° 121.)

117. *Des essaims faibles et tardifs.* S'ils se mêlent, on ne les sépare pas; s'ils sortent seuls, on les reçoit dans mes couvercles. On les laisse ainsi jusqu'à la fin du mois de septembre, époque à laquelle on les réunit à de bonnes ruches. (*V.* n° 130.)

118. *Soins qu'il faut avoir des essaims.* Si le tems est froid et pluvieux, le lendemain ou les premiers jours qui suivront la cueillette des essaims, il faut leur donner du miel, comme il est dit au n° 82; il faut le leur donner le soir, afin que les abeilles des autres ruches n'aillent pas le piller pendant le jour, et le retirer entièrement si le tems se remet au beau. Lorsqu'on soulève les ruches nouvelles, pour y introduire de la nourriture, il faut le faire doucement et sans pencher les ruches, parce que les édifices n'ayant point encore de consistance et étant chargés d'abeilles pourraient se détacher, ce qui causerait du désordre; hors ce cas, il ne faut point toucher aux essaims, et attendre deux mois après leur établissement pour les visiter, les édifices ayant acquis de la solidité.

119. *Fin de l'essaimage.* Dans notre climat du centre, à la fin de la floraison qui arrive communément au solstice d'été, fin de juin, l'agitation et le bourdonnement qui existaient dans le rucher, depuis environ trois mois, cessent. Ce silence annonce qu'il n'y aura plus d'essaims; à ceci il y a quelques exceptions, car j'ai eu des essaims dans le mois d'août. Il y a des cantons où la saison des essaims est plus tardive, et se prolonge en juillet et août.

119 bis. *Ruches et essaims dans Paris.* Dans le cours du printems de 182*, il y a eu des essaims dans le centre de Paris, notamment quatre à ma connaissance qui se sont ar-

rêtés à des maisons où demeurent des marchands de vin, ce qui est un peu singulier. Ces essaims ont été cueillis sans accidens, et l'un d'eux a été vendu 20 fr. par un des marchands de vin. J'ai désiré connaître d'où pouvaient venir ces essaims. J'ai appris que différens particuliers avaient des ruches sur leur fenêtre et dans leur jardin, j'en suis allé voir plusieurs qui étaient en bon état. J'en ai vu notamment deux sur une fenêtre à balcon, au troisième étage d'une maison, n° 1, donnant sur la place Baudoyer, vis-à-vis l'entrée du marché Saint-Jean, ce qui est bien le centre de Paris. M. *Demantin*, tailleur, propriétaire de ces ruches a bien voulu me laisser voir son petit rucher. Ses ruches, qu'il fait lui-même sont en bois léger, elles ont trois étages ou hausses ayant chacune un petit vitrage par derrière qui se ferme avec un volet, elles sont placées extérieurement contre la fenêtre qu'on peut ouvrir et fermer à volonté; leur devant est posé sur le balcon. Elles sont placées de manière qu'étant appuyée sur le milieu du balcon, une personne a de chaque côté d'elle une ruche, d'où l'on voit entrer et sortir les abeilles : une de ces ruches était plus pleine que l'autre, les édifices des abeilles étaient blancs comme la neige, et je voyais les abeilles rentrer avec leur petit butin. L'exposition de ces ruches est au levant inclinant au midi, et pour les garantir d'un trop grand soleil, elles sont sous un petit auvent en toile. Je me suis orienté pour savoir d'où ces mouches tiraient leur récolte, je ne doute pas qu'elle ne se portent au marché aux Fleurs vives, qui est à trois ou quatre portées de fusil d'elles, qui se tient les mercredis et samedis de chaque semaine et où j'en vois souvent et aussi sur les fleurs coupées qui se vendent sur le marché Saint-Jean. Je crois qu'elles ont encore de grandes ressources sur les fleurs que les habitans de Paris ont de toute part sur leurs croisées, dans des caisses ou des pots solidement fixés, ce que la police protège, parce que cela contribue à purifier l'air, mais sur lesquels elle veille avec tant de sollicitude qu'il n'arrive point d'accidens. Les abeilles de ces ruches jouent, comme celles des campagnes, entre deux et quatre heures; les passans s'arrêtent dans la place pour voir ce jeu qui ne peut qu'inspirer des sentimens doux. Cela fait l'éloge de M. *Demantin* qui fait part de sa récolte à ses voisins, et qui reçoit les amateurs qui se présentent pour voir l'agréable amusement qu'il s'est procuré et qui assurément sera imité.

120. Juillet et aout. *Destruction des faux-bourdons.* Ce sont les abeilles-ouvrières qui chassent et détruisent les faux-bourdons (*V.* n° 7); mais comme il n'y a aucun inconvénient, et qu'il y a même de l'avantage d'en détruire une grande partie aussitôt après la saison des essaims, à cause de la consommation considérable de miel qu'ils font journellement, on a imaginé de mettre à l'entrée des ruches des portes légères, qui peuvent être poussées vers le dehors, et qui ne peuvent l'être vers le dedans; l'abeille-ouvrière peut passer librement sous la porte, mais la grosseur du mâle ne le lui permettant pas, il ne peut rentrer, et alors on peut en détruire un grand nombre.

121. *Récolte et dépouille annuelle; transposition des couvercles et conservation de ceux nécessaires pour les ruches en transvasement.* Je ne parle dans cet article que des ruches qui ne doivent point être transportées au pâturage, et qui n'habitent pas les contrées où le sarrasin est cultivé en grand, dépouille particulière dont je parlerai au n° 126.

Les récoltes que l'on fait sur les abeilles varient annuellement en qualité et en quantité, comme celles de toutes les productions de la terre. Les années sèches donnent du miel de meilleure qualité que les années pluvieuses, et les ruches-mères qui, dans une année, donnent plusieurs essaims, ne donnent pas en même tems des récoltes abondantes en miel ; on ne peut avoir que l'un ou l'autre, c'est-à-dire que, si l'année est favorable aux essaims, les couvercles des ruches sont en général moins pleins ; il en reste même quelquefois de vides, tandis que s'il y a peu d'essaims, les couvercles sont pleins et la récolte abondante.

La saison des essaims étant passée, on visite ses ruches pleines dont les couvercles sont pleins aussi, et, avec la modération prescrite au n° 78, on enlève ces couvercles comme il est dit au n° 98. S'ils se trouvent des couvercles dont les rayons soient ternes, on les met à part pour substituer ces couvercles à ceux qu'on levera sur les essaims de l'année. S'il se trouve des couvercles qui ne soient pas bien pleins, on les remet pour les lever un peu plus tard, si la saison et le corps de la ruche le permettent. On con-

servera des couvercles pleins pour les placer sur les ruches
en transvasement, comme on le dira aux n°s 128 et 129
ci-après.

122. *Abeilles destinées à être étouffées; comment on peut*
les sauver. C'est en général dans le mois de juillet que les
paysans étouffent leurs abeilles pour en avoir la dépouille,
parce qu'alors les ruches sont communément pleines de
bonnes provisions; si mes voisins employaient ce moyen,
j'acheterais leurs abeilles seulement en leur laissant les
paniers pleins de provisions; je m'emparerais de ces abeilles
en les chassant par le moyen de la fumée, et je les réuni-
rais à des essaims faibles qui seraient bientôt fortifiés; j'engage les amateurs à adopter ce procédé.

123. *Signes de décadence des ruches; moyens d'y remédier.*
Il y a des ruches d'abeilles qui donnent des signes de décadence dès le printems, mais cela est plus commun depuis
le mois de juillet jusqu'au mois d'octobre; ces signes sont,
1° lorsqu'on voit peu d'abeilles de certaines ruches sortir
et rentrer sans apporter du pollen; cela indique qu'il n'y a
point ou qu'il y a peu de couvain; 2° lorsqu'à l'heure de
l'exercice que prennent les abeilles dans les beaux jours,
depuis midi jusqu'à trois heures, les abeilles de ces ruches
restent tranquilles; 3ᵉ lorsqu'en les mettant sur le côté pour
voir leur intérieur, les abeilles ne donnent aucun signe de
colère; 4° lorsqu'on y voit des faux-bourdons après le tems
de leur expulsion des autres ruches; 5° lorsqu'on voit entrer sans obstacle dans ces ruches des fourmis et autres
insectes étrangers; 6° lorsque le soir, après avoir mis du
miel sous leur ruche, elles ne l'ont pas enlevé pendant la
nuit pour le mettre dans les alvéoles supérieurs de leur
ruche. Ces signes annoncent que la reine est morte ou
inhabile à continuer de peupler la ruche, qu'il n'y a plus de
couvain, et l'invasion prochaine de la fausse teigne. Pour
ranimer ces ruches, je ne vois d'autre remède que celui
de leur donner une reine, comme il est dit au n° 130, ou
d'en chasser les abeilles pour en sauver les débris.

124. *Pillage des ruches.* Il est facile de s'apercevoir de
cet accident, s'il est un peu avancé; il faut emporter ces
ruches pour en avoir ce qui reste. Des auteurs ont indiqué
des moyens d'y remédier. J'ai déjà dit que je croyais qu'on
s'était trompé, parce que, toutes les fois que j'avais eu des

ruches au pillage, j'en avais cherché la cause; et que toujours j'avais reconnu que cela venait de la mort ou de la stérilité des reines de ces ruches; que dans une, j'avais bien vu une reine vivante, mais estropiée, ne marchant que sur le côté, et que je n'avais trouvé du couvain dans aucune. Je persiste encore dans mon opinion; on peut essayer au surplus de ranimer ces ruches en leur donnant une reine, comme il est dit au n° 130.

125. *La miellée.* Au mois de juillet, époque de la canicule, le miel est quelquefois visible sur les feuilles de certains arbres, tels que les chênes, les érables, les tilleuls, les ronces, etc.; c'est ce que nous connaissons sous les noms de *miellée, miellat, miellure.* Cette substance est une transpiration qui sort sur la partie supérieure des feuilles, on en voit aussi sur les prairies et quelquefois sur les épis de nos champs. Sur les arbres résineux, les premières chaleurs font sortir la miellée de leurs feuilles; il est à désirer que ces arbres se multiplient pour voir augmenter nos récoltes de cire et de miel. Sur les arbres qui se dépouillent annuellement, la *miellée* ne paraît communément que lorsque les premières feuilles de ces arbres ont acquis un tissu ferme; on ne la voit jamais sur les feuilles nouvelles, preuve que cette substance ne tombe pas du ciel. Entrant dans la saison de la miellée, il faut que les habitans des plaines approchent leurs abeilles des forêts, afin qu'elles puissent en profiter.

126. *Dépouille des ruches qui vont être transportées au pâturage, et de celles attachées aux contrées où les bruyères abondent, et où le sarrasin se cultive en grand.* Dans ces positions, on peut dépouiller les ruches avec moins de ménagement, parce qu'elles se seront bientôt restaurées. J'ai vu de ces ruches qui ne pesaient pas 12 liv. (6 kilog.) au moment de leur transport, et qui à leur retour en pesaient plus de 60 (30 kil.). Pour faire cette dépouille, il faut chasser les abeilles des ruches pleines dans des vides, au moyen de la fumée, emporter ces ruches pleines et avec les instrumens désignés en la 2ᵉ *pl., fig.* 10 et 11, les dépouiller sans toucher au couvain, et aussitôt après y rétablir les abeilles qui en avaient été chassées; par ce moyen on ne perdra point de couvain, et les abeilles transportées

6

dans des lieux où les fleurs abondent, auront bientôt rétabli leur perte.

127. *Transport des abeilles au pâturage.* Les Egyptiens, les Espagnols, les Italiens font voyager leurs ruches. Dans nos Alpes, nos Pyrénées, le Languedoc, etc. dès la fin de l'hiver on transporte les ruches à dos de mulets. Arrivées dans les lieux où elles peuvent faire des récoltes, on les pose à terre, sous les arbres, sur des rochers; les mulets et les abeilles paissent dans le même lieu. Au mois de juillet, on transporte aussi des abeilles dans la Champagne, le Gatinois, la Sologne, la forêt d'Orléans et autres pays à bruyères, où on cultive le safran, le sarrasin, et où la miellée se manifeste. Nous avons dit comment il fallait transporter les abeilles pendant la mauvaise saison, mais actuellement il leur faut donner plus d'air, et dans le transport, mettre plus de célérité dans ce qu'on fait autour d'elles. Afin de procurer de l'air aux abeilles, il faut avoir des petits châssis carrés de la grandeur du diamètre des ruches; à chaque coin de ces châssis, on fixera une bonne ficelle assez longue pour que, en posant la ruche dessus, il puisse être attaché à la poignée du haut de la ruche, au moyen des quatre ficelles. Le châssis ainsi fixé à la ruche, on a des serpillières assez grandes pour contenir la ruche sur son châssis. On passe de bonnes ficelles sur les bords des serpillières, de manière qu'en les relevant et tirant les ficelles, la ruche se trouve comme dans une bourse fermée au haut et près de la poignée : disposées ainsi, les ruches pourront être enlevées et développées dans un instant. D'autres personnes tiennent les serpillières simplement assujéties contre les ruches par un fil de fer ou avec des courroies. Pour charger les ruches afin de les transporter au pâturage, on commencera par mettre sur les charettes un lit de paille froissée, et sur cette paille un autre lit de matière élastique, telle que menue ramée ou sarment; on attachera dessus quelques perches sur lesquelles on posera les ruches enveloppées, et dans leur position habituelle : disposées ainsi, les abeilles auront de l'air et seront transportées plus doucement. On assujétira les ruches avec de la paille et des cordes, afin qu'elles ne se heurtent pas les unes contre les autres; on partira au coucher du soleil ou plus tard, de manière à arriver, dès le

mafin, à la destination. On placera alors et on développera les ruches, les abeilles sortiront bientôt et une heure après elles reviendront chargées. Les propriétaires d'abeilles trouveront toujours des particuliers qui recevront leurs ruches moyennant une légère rétribution pour chacune. Dans les environs de Paris on transporte des ruches au pâturage à Pierrelaye, village sur le chemin de Pontoise, où on cultive le blé-sarrasin; les habitans nomment les ruches qu'on apporte, *des nourrissons*. Les ruches, ainsi transportées, se posent à terre dans des jardins, dans les champs, le long des haies et toujours dans les endroits les plus abrités des grands vents et les plus secs. Le soin des gardiens consiste à veiller à ce que les ruches ne soient ni volées, ni renversées.

Il y a des pays où on mène les abeilles au pâturage le long des grandes rivières, telles qu'on en voit en Egypte sur le Nil, en Italie sur le Pô; plusieurs propriétaires mettent leurs ruches sur des bateaux, en les marquant; les conducteurs s'arrêtent suivant que les contrées sont plus ou moins favorables; ils jugent du progrès des récoltes faites par les abeilles, par le plus ou moins d'enfoncement de ces bateaux.

128. *Terminer le transvasement des ruches villageoises.* Nous avons dit, au n° 93, comment il fallait préparer ce transvasement; actuellement que les ruches inférieures peuvent être garnies d'édifices, il faut en penchant les ruches voir s'ils sont suffisans : s'ils ne descendent qu'à moitié de la ruche ou environ, il faut laisser les deux ruches unies et remettre le transvasement à l'année suivante; s'ils descendent aux deux tiers au moins, il faut terminer le transvasement. Pour cela on sépare les deux ruches, on pose l'ancienne sur le tabouret à la fumée, on met le couvercle sur l'autre, on la pose sur l'ancienne, et on enfume par-dessous. Les abeilles montent aussitôt dans la nouvelle ruche, et lorsqu'on jugera, par le bourdonnement, que les abeilles et leur reine y ont passé, on la remettra sur son tablier et on emportera la vieille dans la pièce obscure, afin que les abeilles qui peuvent y être restées, la quittent pour aller rejoindre leur reine; et sur chacune de ces ruches, si leurs couvercles sont vides, on en mettra un plein, ou à-peu-près, de ceux que j'ai dit qu'il fallait conserver. (*V*. n° 121.)

129. *Terminer le transvasement des ruches d'une pièce.*
Si les ruches inférieures sont pleines, comme on l'a dit au
n° précédent, avec une tenaille ou autre instrument de
fer, on fera quelques trous dans le haut des vieilles ruches;
on les enlèvera de dessus les ruches nouvelles qu'on laissera
en place, on couvrira chacune de ces dernières, on posera
les vieilles sur le tabouret fumant; on leur donnera aussi à
chacune un couvercle dans lequel en enfumant on fera
monter les abeilles; lorsqu'elles y seront en grand nombre,
on substituera ces derniers couvercles à ceux qui sont sur
les ruches nouvelles, et à mesure que les abeilles auront
quitté les vieilles ruches, on emportera ces dernières
dans la pièce obscure, comme il est dit au n° précédent;
le lendemain, on posera sur les ruches nouvelles un couvercle plein de rayons de miel, etc. Pour l'extraction des
rayons de ces vieilles ruches, on se sert des instrumens
dont j'ai parlé au n° 126, et on manipule le miel comme
il est dit au n° 133.

130. *Essaims faibles, usage qu'on peut en faire.* Ces
essaims ne remplissent guères que leur couvercle; s'ils font
quelques rayons de cire sous le plancher de leur ruche,
ils sont sans miel. Comme leurs provisions dans le couvercle ne leur seraient pas suffisantes pour passer la mauvaise saison, si on voulait les nourrir, ils donneraient plus
d'embarras qu'ils ne vaudraient. On doit en tirer parti, c'est
ce qu'on pourra faire de plusieurs manières.

Si, par exemple, on voit les abeilles d'une ruche dans
l'indolence, ce qui annonce sa désorganisation, il faut la
mettre à la place de l'essaim faible, lui enlever son couvercle et y substituer celui contenant l'essaim faible; les deux
peuples s'accorderont et l'activité s'y rétablira autant que la
saison le permettra. On fera de même pour les ruches qui
menaceront d'être pillées, ce qui réussira si le pillage n'est
pas trop avancé.

On peut placer encore les couvercles contenant des essaims faibles, sur des ruches mères ayant d'abondantes
provisions, et aussi sur celles énervées par l'émission de
trop forts essaims; mais pour faire opérer ces réunions, il
faut quelques précautions pour prévenir le massacre entre
les abeilles qu'on veut réunir.

Au n° 11, nous avons dit combien les abeilles étaient

ombrageuses dans le tems que leur ruche contenait beaucoup de couvain, mais y ayant peu de ruches qui en contiennent beaucoup dans la saison actuelle, il faut tâcher de
vérifier celles qui en contenant, ne souffriraient pas la
réunion. Pour cela, il suffit de pencher une ruche pour
regarder son intérieur. Si à ce mouvement les abeilles accourent avec des signes de colère, il faut remettre la ruche
à sa place, et être assuré qu'elles ne souffriraient pas des nouvelles venues. Si, au contraire, les abeilles penchées sont
tranquilles, la réunion se fera sans trouble, et pour plus
de certitude à cet égard, on enfumera un peu les abeilles
réunies; on frappera sur la ruche avec un petit bâton pour,
par la fumée et le bruit, bien opérer le mélange.

Si les essaims faibles avaient fait quelques rayons sous
le plancher, il faut, en retirant ces ruches, laisser ces
rayons dans leur entier; ils seront utiles aux essaims artificiels que l'on y fera entrer au printems suivant.

QUATRIÈME PARTIE.

MANIÈRE DE DISPOSER LA CIRE ET LE MIEL POUR LES FAIRE
PASSER DANS LE COMMERCE ; LEUR UTILITÉ ; DES HYDRO-
MELS, etc. etc. etc.

131. *Lieu propre à manipuler le miel.* Si on recueille
annuellement une certaine quantité de miel, il faut, pour
le manipuler, y destiner un laboratoire ayant son jour au
midi. Lorsqu'on y déposera la dépouille faite sur les abeilles,
on tiendra portes et fenêtres fermées ; on fera même boucher la cheminée si le tuyau n'en n'est pas élevé, afin d'in-
terdire tout accès aux abeilles ; si cependant il s'y en intro-
duisait, il ne faut pas les craindre, parce que, lorsqu'elles
se voient enfermées, elles cherchent à sortir en se débattant
contre les carreaux de vîtres; on ouvre un peu la fenêtre,
et elles sont bientôt dehors.

132. *Ustensiles nécessaires pour la manipulation du miel.*
Lorsqu'on ne recueille qu'une petite quantité de miel, il
suffit d'avoir quelques terrines avec deux ou trois tamis
d'une toile de crin claire, et des pots de terre dont on notera le poids par-dessous. Si on en recueille une certaine
quantité, il faut avoir des paniers, cages, mannes ou corbeilles d'osier à claires-voies, pour mettre égoutter les rayons
de miel sur des terrines. On aura des barils neufs propres,
bien reliés et sans odeur, devant contenir 50 à 100 liv. de
miel (25 à 50 kil.); un baril qui contiendrait 20 bouteilles
de liquide contiendra 25 kilog. de miel. On aura une presse
et de fortes toiles claires pour contenir les matières qu'on
devra presser, et enfin plusieurs grands seaux à deux anses
de terre vernissée, ayant un trou sur un des côtés à 6 lig.
(15 mill.) du fond, pour y verser le miel à mesure qu'il
coulera, trou qu'on tiendra habituellement fermé avec un
bouchon.

133. *Manipulation du premier miel.* Pour cette opération, il faut chaleur, célérité, propreté. Le miel doit être
extrait des rayons de cire le plus tôt possible, après la dépouille faite sur les abeilles ; il en coulera mieux. On choisira un beau jour, on s'établira près des croisées, de manière

qu'au travers des carreaux le soleil puisse donner sur les rayons dont on voudra faire couler le miel ; on aura soin d'écarter les abeilles mortes, le couvain et le pollen, qui nuiraient à la qualité du miel. Si la saison est avancée, il faut tenir un poêle allumé dans le laboratoire, et cela afin que le miel coule mieux.

Pour la manipulation on pose ses tamis, cages, mannes ou corbeilles sur des terrines : on fait un miel de choix en brisant et mettant sur les tamis ou cages, les plus beaux rayons, et successivement par ordre de pureté des rayons, en se servant, s'il est nécessaire, des instrumens désignés au n° 126.

On aura près de soi de l'eau pour désengluer ses mains et ses outils ; on conservera cette eau pour l'usage indiqué ci-après.

A mesure qu'une certaine quantité de miel aura coulé dans les terrines, on versera ce miel dans un des seaux au travers un tamis ; on couvrira ces seaux. Le lendemain on pourra faire couler le miel par le trou des seaux dans les vases destinés à le faire passer dans le commerce ; si c'est dans des barils, on laissera un vide d'un travers de doigt, on couvrira les vases, et on bondonnera aussitôt les barils, qu'on mettra sur un de leurs fonds ; on marquera ce premier miel par M. V. (miel-vierge) ; on notera le poids sur chaque vaisseau. A l'égard de la conservation du miel, c'est l'objet du n° 137.

134. *Manipulation du second miel.* Pour exprimer le second miel, si les rayons du premier sont mollets et le tems chaud, il suffit de les pétrir un peu, et si on en a une petite quantité, de les tordre dans un linge clair. Si on a une certaine quantité de rayons, il faut les presser. Pour cela, je prends un morceau de toile, dite *canevas*, la plus forte en ce genre, de 15 à 16 pouces en carré (un demi-mètre) ; je passe une forte ficelle en demi-cercle sur les bords d'un côté de ma toile, et un autre ficelle encore en demi-cercle sur les bords opposés ; je fais un nœud aux extrémités de mes ficelles, je pose ma toile sur un grand plat de terre vernissée, je mets mes rayons au milieu de ma toile, je les presse de la main ; je tire de chaque côté les bouts de mes ficelles, ce qui forme une espèce de bourse que je ferme en nouant les ficelles ; je mets cette bourse

sous la presse, j'en exprime le miel; je mets une autre
bourse sur la première, et je presse, une troisième, une
quatrième, etc., je laisse bien égoutter, je desserre, j'ouvre mes toiles qui me donnent la pâte de la cire en galettes
que je mets à part pour la fonte.

Si le tems est froid, j'attends un jour de soleil; je mets
mes rayons près d'une croisée, afin que la chaleur les
amollisse, ou je les mets dans un four tiède, ou au soleil
dans des terrines couvertes d'une cloche de verre, et lorsque les rayons sont tièdes et mollets, je les presse comme
je viens de le dire.

On met ce second miel qui jette beaucoup d'écume dans
les seaux (*V.* n° 132), on le fait couler, comme je l'ai
dit au n° précédent. On note les vaisseaux de ces deux
lettres M. E. (miel exprimé), ainsi que leurs poids.

135. *Accident commun dans les laboratoires et dans toutes
les pièces où il y a du miel; remèdes qu'il faut y apporter.*
Si les abeilles trouvent la moindre ouverture dans les pièces
où il y a du miel, attirées par l'odeur, elles s'y introduisent en foule. Dans ce cas il faut, dès qu'on s'en aperçoit,
entrer dans la pièce sans crainte, car elles ne chercheront
point à piquer, et fermer l'ouverture : les abeilles se voyant
enfermées se jetteront contre les vitrages, comme pour
vouloir sortir; on ouvrira un instant la fenêtre, et une
partie s'échappera; on refermera et on rouvrira de tems à
autre. A l'égard des abeilles qui seraient engluées dans le
miel, il faut les enlever avec une écumoire, les mettre sur
un tamis qu'on laissera égoutter; on portera ensuite le
tamis au soleil dans le rucher, les autres abeilles viendront
aussitôt les lécher et les mettre en état de rentrer dans les
ruches; s'il était tard, on garderait les abeilles sur le tamis
jusqu'au lendemain.

136. *Donner les restes aux abeilles.* Après avoir laissé
égoutter les couvercles, les ruches, les ustensiles et les
toiles dans lesquelles on a pressé les rayons, on les porte
à la proximité du rucher, où les abeilles les nettoient parfaitement; il ne faut leur donner ces restes que le matin
par un tems doux, et leur retirer à deux ou trois heures,
parce qu'elles y resteraient jusqu'à la nuit, et que la fraîcheur en ferait périr. Il faut éviter de leur donner du miel
grené, et des vases dans lesquels il y a eu du miel qui avait

de la consistance, parce que les abeilles marchant sur ce miel s'engluent les pates, qui, étant alors comme vernissées, ne peuvent plus leur servir à s'accrocher ; elles se lèchent bien les unes les autres, mais ce miel leur englue les poils et le corps, tellement qu'elles sont bientôt couvertes d'une espèce de vernis qui les fait périr.

137. *Conservation du miel.* On conserve difficilement le miel d'une année sur l'autre, parce qu'on ne le place pas dans des lieux propres à cet effet. Les chimistes disent que le miel est *déliquescent ;* cela veut dire qu'il s'empare de l'humidité de l'air ou du lieu où il est placé, se dissout, et de dur qu'il était, devient mollet et aigrit. Pour parer à ces inconvéniens, il faut, aussitôt que le miel est dans des vaisseaux de faïence ou de bois, le bien boucher, et le placer dans un lieu sec et frais. Il ne faut jamais mettre du miel liquide dans un vase contenant du miel qui a pris de la consistance, ce mélange le fait fermenter et aigrir.

Si on veut conserver du miel en état de fluidité d'une année à l'autre, il faut en laisser les rayons dans les couvercles et n'en prendre qu'au besoin, soit pour les abeilles, soit pour sa consommation.

138. *Usage du commerce pour la vente du miel en gros.* Les miels se vendent en barils ou en pots ; l'usage est de déduire 8 à 10 pour 100 pour la tare des barils, et 15 à 20 pour celle des pots.

139. *Sophistication du miel.* Le plus beau miel en apparence renferme quelquefois des farines qui ont la propriété de donner aux vieux miels une consistance analogue à celle des miels nouveaux. Il faut s'assurer de la pureté du miel avant de l'employer, il suffit pour cela de l'étendre dans de l'eau froide ; s'il y a de la farine, elle rendra l'eau laiteuse. Il y a des marchands détaillans qui agitent le miel, ce qui le blanchit un peu pour le moment par le mélange de l'air atmosphérique ; il en résulte que le miel n'est plus grenu, et qu'il est susceptible de se dissoudre plus promptement par un tems et dans un lieu humide.

140. *Proportion de la cire avec le miel.* M. l'abbé *Della Rocca* dit que 60 liv. de miel en rayons lui ont donné 6 à 7 liv. de cire. Je crois qu'il y a erreur, parce qu'une bonne ruche du poids de 60 liv. (30 kil.) environ, ne donne guère que 2 liv. de cire (1 kil.), et conséquemment 100 liv. de

rayons (5o kil.) ne donnent que 3 à 4 liv. de cire environ (.2 kil.)

141. *Première fonte de la cire*. La pâte de cire en galettes dont nous avons parlé au n° 134, avant d'être mise à la fonte, doit être purgée de tout le miel que la presse n'a pu faire sortir; pour cela, on rompt les galettes que l'on met tremper pendant quelques jours dans de l'eau claire, avec le soin de remuer de tems en tems pour la *démieller*.

Il y a des ciriers qui prétendent que la cire mise dans l'eau reste toujours plus grasse que celle qu'on *démielle* sans la mouiller. Pour cela, ils demandent que les galettes brisées soient étendues sur des draps, près du rucher, afin que les abeilles qui se rassemblent bientôt sur cette cire, la *démiellent*, sans que, par cette opération, il y ait la moindre diminution sur la cire. On la fait fondre ensuite, et passer sous la presse. Pour fondre la cire, on met dans un chaudron assez d'eau pour le remplir au tiers; lorsqu'elle est prête à bouillir, on y met peu-à-peu autant de pâte de cire qu'il en faut pour remplir le chaudron aux deux tiers, en entretenant dessous, un feu modéré; on remue continuellement la cire en fusion avec un bâton formant une espèce de spatule, afin que la cire ne s'attache pas aux bords du chaudron où elle pourrait brûler. Lorsque toute la pâte paraît fondue, on diminue un peu le feu, afin de ne pas la faire beaucoup bouillir, parce qu'elle deviendrait sèche, cassante et brune, qualités qui nuisent à son blanchîment; lorsqu'en bouillant elle présente des fentes jaunes, on la porte au pressoir, on verse dans des sacs de toile forte que l'on met sous la presse pour séparer la cire en fusion d'avec le marc. La cire qui coule doit être reçue dans de l'eau bien chaude, afin que les crasses se précipitent, crasses qu'il faut séparer de la cire, afin que les pains qui seront faits ensuite, aient moins de pied.

142. *Manière de couler la cire en pain et de connaître si elle est mélangée*. On estime plus la cire en gros pains qu'en petits, qui sont ordinairement trop cuits; il faut que les moindres soient de 12 à 16 liv. (6 à 8 kil.), et les plus gros de 16 à 24 liv. (8 à 12 kil.). Lorsqu'on a suffisamment de cire pour faire des pains dans ces poids, on la divise également pour chaque chaudronnée; on la rompt en plusieurs morceaux, afin qu'elle puisse plus aisément se

fondre, et que n'ayant pas besoin d'un grand feu, elle soit moins exposée à roussir. Pour la refondre, on met dans le chaudron un quart d'eau et trois quarts de cire, sur un petit feu, on remue souvent, on l'écume, on la moule aussitôt qu'elle est fondue. Si on la laissait trop long-tems exposée à l'action du feu, au lieu d'être onctueuse, elle deviendrait sèche et cassante, ce qui est regardé comme un grand défaut dans les bonnes fabriques. L'écume se met dans une terrine contenant un peu d'eau froide. Pour mouler les pains je me sers des seaux dont j'ai parlé au n° 132, y mettant de l'eau bouillante et y versant la cire au sortir du feu. Il faut maintenir le plus long-tems possible la cire en état de fusion, afin que l'eau mêlée avec la cire tombe au fond par son poids, et entraîne les crasses qui se rassemblent sous le pain, et qu'on appelle *le pied de la cire*. Pour cela il faut que les seaux soient posés plutôt sur une planche que sur le pavé, et qu'ils soient couverts et enveloppés d'une couverture de laine. Au bout de 24 heures, on retire les pains qui se détachent d'eux-mêmes d'après le seau ; on en enlève aussitôt le pied, qu'on réunit aux écumes pour en faire un pain qui sert aux frotteurs.

Si on veut avoir des pains sans pied, on a une cannelle de cuivre à son chaudron, on dispose de manière que l'eau mise avec la cire soit au-dessous de la cannelle. Lorsque la cire est bien fondue, on tient le chaudron bien chaudement pendant une demi-heure, afin que les crasses descendent ; on ouvre ensuite le robinet qui laisse tomber la cire dans un des seaux contenant de l'eau bouillante ; on les enveloppe, comme on l'a dit, afin que la cire se refroidisse lentement. Au bout de 24 heures on les retire, comme on l'a dit, et ce qui est resté dans le chaudron se conserve pour une autre fonte.

Il y a des personnes peu honnêtes qui mélangent la cire en y mettant de la graisse, du *galipot*, espèce de résine connue sous le nom de *poix de Bourgogne*, de la térébenthine, etc. etc. On connaît cela en mâchant un petit morceau de la cire. Si la cire est pure, elle ne doit avoir aucun mauvais goût, ni s'attacher aux dents ; dans celles mêlées de suif on y trouve un goût de graisse ; et celles mêlées de quelques résines, tiennent aux dents.

143. *Des eaux de miel, leur utilité.* Les eaux de miel

sont celles dans lesquelles, en manipulant le miel, on a désenglué ses mains, lavé les ustensiles dont on s'est servi, et dans lesquelles on a mis tremper les rayons avant de les mettre en fusion; ce sont encore celles dans lesquelles on a fait fondre la cire, sans avoir préalablement fait baigner les rayons, et dans lesquelles il y avait du couvain : ces eaux sont communément fort sales, on n'en peut tirer que de l'eau-de-vie et de l'esprit-de-vin ou de l'alcohol.

Lorsqu'on veut faire de l'eau-de-vie, on verse ces eaux dans un tonneau défoncé d'un côté, exposé au soleil, et couvert avec une toile; afin que les abeilles et autres insectes ne viennent pas s'y noyer. Au bout de quelques jours la fermentation s'établit, ce qu'on connaît aux bulles d'air qui montent à sa surface, et quand elle a une odeur vineuse, on procède à la distillation; mais comme pour cela il faut un appareil et des connaissances pratiques qui ne sont pas à la portée de tout le monde, on pourrait s'entendre pour réunir les eaux de miel d'un canton, et faire de l'eau-de-vie en commun, sauf une indemnité en nature au distillateur.

144. *De l'influence que le miel paraît avoir sur les cires, et moyen de connaître le degré de blanc que l'art peut leur rendre.* Quoique les rayons de cire de nos ruches soient blancs au moment où les abeilles viennent de les faire, nous n'en retirons que de la cire plus ou moins jaune, et par la difficulté que l'on a de ramener à un beau blanc celles de beaucoup de nos contrées, on est persuadé que c'est le miel que contiennent ensuite ces rayons qui est la cause que l'art ne peut leur rendre leur première blancheur. Comme les contrées qui donnent des cires qui blanchissent bien sont de peu d'étendue, eu égard aux besoins des bonnes fabriques, elles sont obligées annuellement d'en tirer de l'étranger pour plusieurs millions.

Dans beaucoup de fabriques, on masque ce défaut par une addition plus ou moins considérable de graisses blanches et fermes de chèvre et de mouton; et de plus, on y blanchit parfaitement les bougies en les couvrant d'une couche superficielle de cire d'un beau blanc; mais en les maniant, on sent qu'elles sont grasses, la lumière en est moins brillante, elles durent moins de tems, tachent les étoffes, coulent par les chaleurs, et charbonnent.

La preuve que les miels contiennent une matière colorante, plus ou moins tenace, se tire de la comparaison des miels. Les miels blancs laissent leur partie colorante dans la cire qui, par cette raison, n'atteint qu'un blanc sale ; les miels très-jaunes et roux emportant avec eux leur partie colorante donnent de belles cires. On doit même présumer que de cette matière colorante, il s'exhale des vapeurs pernicieuses (72).

Il y a une erreur généralement répandue, qui est celle de croire que la rosée contribue, et qu'elle est même nécessaire, avec l'action du soleil, pour blanchir la cire, M. *Trudon*, propriétaire, de père en fils, de la belle fabrique de bougies à Antoni, est intimement persuadé que la cire n'est blanchie que par *l'action du soleil*, et il a bien voulu me donner dans sa manufacture même des renseignemens qui le prouvent.

Duhamel, dans *l'art du cirier*, dit que *la rosée contribue à blanchir la cire* ; puis il ajoute immédiatement, que c'est une question de savoir *si la rosée contribue à blanchir la cire*, quelques-uns croyant que le *soleil seul la blanchit*. Et en effet, dit-il, si on met la cire sur les toiles en mars ou en avril, elle y blanchit ; mais au bout de quatre mois, elle redevient jaune, ce qui n'arrive pas aux cires que l'on a mise sur les toiles dans les mois où *il y a peu de rosée*, et où *le soleil a beaucoup d'action*.

La preuve que la rosée ne coopère point au blanchîment de la cire, m'a paru évidente chez M. *Trudon*. Le procédé qui le démontre est si simple que tous les propriétaires d'abeilles peuvent s'en convaincre, et connaître en même tems le degré de blancheur que leur cire peut atteindre par le procédé ordinaire.

Les cires passent dans le commerce en pains jaunes. Pour avoir la connaissance du degré de blanc que la cire de chaque pain peut atteindre, on fait des essais. Pour cela on a des tables dont la surface est divisée en cases numérotées. En raclant avec un couteau le dessus d'un pain, on en retire des portions minces comme des rubans étroits. On met ces portions sur les tables dans les cases ; on met sur les pains les numéros correspondans aux cases. Ces tables sont posées sur des brancards près d'une grande pièce ou remise, où on les rentre le jour, si l'on craint le vent ou la pluie, qui pourraient mêler les différentes cires. Ces tables sont également rentrées tous les soirs, de manière qu'elles ne blanchissent que par l'action *du soleil, sans pluie, ni rosée*, et elles blanchissent aussi promptement que celles étendues sur les toiles, qui y restent jour et nuit. Sur ces tables on voit les différentes nuances de blanc que nos cires et celles étrangères peuvent atteindre; et c'est d'après ces essais que se fabriquent les belles bougies qui sortent de chez M. *Trudon*.

145. *Usage du miel comme nourriture*. Les anciens Grecs étaient persuadés et les modernes le sont aussi que l'usage du miel prolonge la vie. Les habitans de ces contrées sont bien faits et d'un tempérament admirable, ce qu'ils attribuent à l'usage du miel; ils le croient particulièrement utile aux gens de peine et aux personnes âgées, en ce qu'il rétablit les forces.

Nos guerriers, que leur valeur a conduits dans le Levant, rapportent que par-tout on leur offrait des rayons de miel. Il ne faut pas craindre de le manger avec la cire, parce que cette cire étant extrêmement mince et parfaitement pure, corrige ce que le miel peut avoir de trop relâchant.

146. *Utilité du miel comme remède*. Toutes nos pharmacopées s'accordent pour dire que le miel pris intérieurement est pectoral, aidant à la respiration, digestif, atténuant, et qu'appliqué à l'extérieur il est résolutif, etc. Aussi entre-t-il dans un grand nombre de remèdes. Il est encore d'un grand usage dans l'art vétérinaire.

Dans la *Bibliothèque économique*, année 1785, on trouve la recette d'un opiat dont l'usage est annoncé comme propre aux personnes épuisées par les infirmités et par l'âge.

On cueille des glands aux mois de juillet et d'août, avant leur parfaite mâturité; on ôte la pellicule qui enveloppe l'amande, on les pile dans un mortier jusqu'à ce qu'ils soient en pâte, on prend du bon miel vierge, celui qui coule des gaufres des ruches sans les presser, on mêle à parties égales les glands en pâte et le miel, on incorpore le tout et on en fait une espèce de conserve que l'on met dans des pots de faïence que l'on place à la cave pendant l'été, afin qu'il ne fermente pas; après les chaleurs on remonte les pots que l'on met dans une armoire saine.

L'usage est d'en prendre tous les matins en se levant une

cuillerée à bouche et de ne manger que deux heures après, parce que cette conserve est très-nourrissante. Elle fortifie la nature épuisée, répare et ranime les forces. Il ne faut pas en prendre en cas de maladie ou de fièvre existante. J'ai vu, dit l'auteur, un curé de paroisse de campagne dans une défaillance totale à l'âge de 82 ans, auquel je fis faire usage de cette conserve pendant quatorze jours, recouvrir tellement ses forces, qu'au bout de ce terme, il fit près d'une lieue à pied et reprit ses fonctions à l'église où il n'allait plus depuis deux mois; il a vécu encore trois ans plein de force et de santé, et n'est mort que d'une maladie violente qui n'avait rien de commun avec la faiblesse de son grand âge. L'auteur ajoute que cet opiat se conserve pendant deux ans.

147. *Utilité du miel pour conserver les objets qu'il enveloppe.* En 1802, il a été envoyé d'Italie à Paris des greffes d'arbres dans une boîte de fer blanc, remplie de miel; elles sont arrivées bien conservées et ont réussi dans la pépinière du Luxembourg. Cet essai peut nous conduire à d'autres.

148. *Sirop de miel pour remplacer le sucre.* Le meilleur procédé que je connaisse pour purifier le *miel* est celui publié par M. *Thénard,* professeur de chimie au collége de France; le voici :

Prenez: miel, 6 livres (3 kil.), eau, 1 liv. 12 onc. (857 gram.), craie réduite en poudre, 2 onc. 4 gros (76 gram.), charbon pulvérisé, lavé et desséché, 5 onc. (152 gram.), 3 blancs d'œufs battus dans 3 onc. d'eau (91 gram.). On met le miel, l'eau et la craie dans une bassine de cuivre, dont la capacité doit être d'un tiers plus grande que le volume du mélange, et on fait bouillir ce mélange pendant deux minntes. Ensuite on jette le charbon dans la liqueur ; on le mêle intimement avec une cuiller et on continue l'ébullition pendant deux autres minutes; après quoi on ajoute le blanc d'œuf, on le mêle avec le même soin que le charbon et l'on continue de faire encore bouillir pendant deux minntes; alors on retire la bassine de dessus le feu, on laisse refroidir la liqueur pendant un quart d'heure, et on la passe à travers une étamine ou chausse de flanelle, en ayant soin de remettre sur l'étamine ou dans la chausse les premières portions qui filtrent, par la raison qu'elles entraînent toujours avec elles un peu de charbon. Cette liqueur ainsi filtrée est le sirop convenablement cuit.

Une portion du sirop reste sur l'étamine ou dans la chausse, adhérente au charbon, à la craie et au blanc d'œuf; on l'en sépare par le procédé suivant.

Versé en deux fois sur les matières précédentes autant d'eau bouillante qu'on en emploie pour purifier la quantité du miel sur lequel on a opéré, on laisse filtrer et égoutter, on soumet le résidu à la presse, on réunit ces eaux et l'on s'en sert pour une autre purification.

Le sirop fait par le procédé ci-dessus est d'autant meilleur que le miel dont on se sert a une qualité supérieure. Avant de se servir de l'étamine ou de la flanelle lorsqu'elle est neuve, il est nécessaire de la laver à plusieurs reprises avec de l'eau chaude; autrement elle communiquerait une saveur désagréable au sirop, parce que dans cet état ces lainages contiennent toujours un peu de savon. Il faut que le charbon qu'on emploie soit bien pilé, lavé et desséché, sans cela l'opération ne réussirait qu'en partie. On peut se servir avec succès du charbon qu'on prépare en grand, rue Saint-Victor, à Paris, n° 44, chez M. *Lecerf*, fabricant de noir, où l'on trouve aussi du noir de charbon animal.

Comme il y a des miels qui conservent leur goût particulier plus que d'autres, le sirop étant fait comme on vient de le dire, s'il a encore un goût de miel on le fait bouillir une seconde fois avec du charbon préparé comme on l'a dit plus haut.

149. *Confitures au miel.* Prenez groseilles égrenées, 4 liv. (2 kil.), mettez-les dans le même poids du sirop de miel bouillant fait comme il est dit au n° précédent : lorsque les groseilles seront crevées et auront rendu leur suc, passez-les à travers un tamis pour séparer le marc qu'il faut laisser égoutter sans exprimer ce qui troublerait la liqueur, que vous ferez cuire ensuite jusqu'à consistance de gelée. Si on ajoute des framboises, on diminuera d'autant les groseilles de manière qu'il y ait même poids de fruit et de sirop. Si au lieu de groseilles on veut faire des confitures de cerises ou d'autres fruits, ce sera dans les mêmes proportions. Il faut que ces confitures soient bien cuites et conservées dans un lieu sec.

150. *Confitures sèches.* On prépare en confitures sèches des fruits entiers ou coupés par morceaux, des racines, de certaines écorces, etc. Ces substances doivent être

préalablement privées de leur humidité en les faisant sécher au four jusqu'à un certain point ; trempées ensuite à plusieurs fois dans le sirop et séchées, elles auront le même brillant, le même candi que si elles avaient été faites au sucre ; on doit les conserver dans des boîtes placées en lieux secs.

151. *Des ratafias.* Lorsque l'infusion des matières qui en font leur base, comme noyaux, fleurs d'oranges, etc., aura été suffisamment faite, on les sucrera avec le sirop de miel dans la proportion d'une livre par pinte ou bouteille d'eau-de-vie (un demi-kil.) ; ces liqueurs passées au papier sont aussi limpides et aussi bonnes que si elles avaient été faites au sucre.

Voici une recette de ratafia de noyaux, qui fera connaître combien ces liqueurs sont faciles à faire. Dans le tems des abricots, mettez dans un bocal quatre bouteilles d'eau-de-vie ; à mesure que vous aurez des noyaux d'abricots, concassez-les sans les écraser, mettez l'amande et le bois dans de l'eau-de-vie ; il faut 100 noyaux par bouteille. Laissez infuser ces noyaux pendant trois mois, séparez alors l'eau-de-vie d'avec les noyaux en jetant le tout sur un tamis, mettez ensuite 4 liv. de sirop de miel (deux kil.), dans l'eau-de-vie, et passez au papier gris, vous aurez un ratafia limpide et excellent.

152. *Des hydromels.* Le miel et l'eau font les boissons que l'on nomme *hydromels*. Il y a les simples, les vineux, les composés. Les *hydromels simples* se font avec du miel et de l'eau qui ne fermentent point. Les *vineux* avec du miel et de l'eau que l'on fait fermenter. Les *composés* sont ceux auxquels on ajoute des mélanges de fruits, d'essences, etc., pour leur donner différents goûts.

A Paris on boit de ces *hydromels composés* que l'on fait passer pour des vins de liqueurs et étrangers, heureusement que leur usage n'en est pas mal sain.

153. *Hydromel simple, comme remède contre le rhume.* Faites tiédir trois parties d'eau dans lesquelles vous ferez dissoudre une partie de bon miel, on peut augmenter ou diminuer le miel suivant la nécessité ou le goût des personnes qui veulent en user. Cet *hydromel* ou espèce de tisanne est pectoral, détersif, légèrement laxatif ; il est bon dans la toux, pour faire évacuer doucement l'humeur

qui la provoque : la dose est d'une bouteille ou deux par jour.

154. *Hydromel composé non vineux.* Pendant les chaleurs on peut faire des *hydromels* que l'on rend agréables par des mélanges. Faites dissoudre, par exemple, une partie de sirop de miel dans trois d'eau ; ajoutez-y, dans la proportion que vous voudrez, des sucs de groseilles ou de fraises, ou de framboises, ou d'oranges, etc. Cette boisson un peu battue pour bien opérer le mélange, mise dans un lieu frais, est agréable et saine.

155. *Hydromels vineux.* C'est le breuvage des peuples du nord, ils le nomment *miod.* Les Russes, par exemple, font leurs *hydromels* avec du miel, des cerises, des fraises, des framboises et des mûres ; ils commencent par faire tremper ensemble ces fruits pendant deux à trois jours dans de l'eau pure : ils y ajoutent du miel-vierge avec un morceau de pain trempé dans de la lie de bière, et mettent les tonneaux dans un étuve où l'on entretient, jour et nuit, une chaleur de 18 à 25 degrés ; la fermentation s'établit au bout de six à huit jours, elle dure environ six semaines, et cesse d'elle-même. Les gens du commun, du même pays, font de l'*hydromel* avec du miel qui n'est pas séparé de la cire, et avec des rayons qui contiennent du couvain ; ils battent ces rayons dans de l'eau tiède, laissent reposer la liqueur, la passent dans un sac, la font bouillir et la boivent. Sans parler de si loin, on m'a assuré que, dans notre département du Jura, on faisait aussi de la boisson en pilant ensemble tout ce qu'on retirait des ruches, même le couvain, après en avoir étouffé les abeilles.

J'ai fait de l'*hydromel* très-bon, comme je vais le dire. J'ai mis 30 livres de bon miel (15 kil.) avec 45 bouteilles d'eau ou 90 liv. (45 kil.); j'ai fait bouillir ce mélange dans un grand chaudron, et quand la liqueur a été réduite à environ moitié, et qu'elle a eu assez de consistance pour qu'un œuf frais dans sa coquille surnageât, la boisson a été suffisamment cuite ; j'ai mis les *deux tiers* dans un baril neuf et bien rincé avec un gobelet d'eau-de-vie, et l'*autre tiers* dans des bouteilles que j'ai bouchées avec un linge clair. Si, dans cet état, on goûte la boisson, elle n'a qu'un goût fade, et pour qu'elle devienne vineuse, il faut qu'elle fermente, ce qui lui donne alors toutes les fumées du vin, et dont on peut tirer de l'eau-de-vie, etc.

Afin de détruire plus promptement le goût mielleux de cette boisson, on peut y mettre de la craie, du charbon, des blancs d'œufs, et la passer comme il est dit au n° 148.

Pour exciter la fermentation, il faut que la liqueur soit exposée à la chaleur. Dans notre climat on se sert de deux moyens pour obtenir la fermentation. L'un consiste à mettre la liqueur dans une étuve ou au coin d'une cheminée, dans laquelle il y a habituellement du feu, ou derrière un four continuellement chaud ; on y joint les bouteilles. Sept à huit jours après, la liqueur jette une écume épaisse et sale, qui laisse un vide qu'on remplace avec la liqueur des bouteilles qui jettent également ; la fermentation dure environ deux mois, et cesse d'elle-même.

L'autre moyen, c'est en exposant la liqueur au soleil ; mais, dans ce cas, il faut la faire au mois de juin et la laisser exposée jusqu'à ce que la fermentation cesse, ce qui arrivera au bout de trois à quatre mois. En mettant le baril à l'exposition la plus chaude, il faut l'élever un peu de la terre, et avoir quelqu'attention relativement aux abeilles et autres insectes attirés par l'odeur. Dans la chaleur du jour, la liqueur se gonfle, l'écume s'élève par la bonde, et s'écoule des deux côtés ; mais lorsque le soleil est couvert, la liqueur diminue de volume, et le baril cesse d'avoir l'air d'être plein. Dans le premier cas, les abeilles lécheront, sans danger pour elles, ce qui s'écoulera du baril ; mais, dans le second cas, il faut mettre sur la bonde une planchette ou calotte de plomb semée de petits trous, sans quoi beaucoup d'abeilles se noyeraient. On découvrira la bonde chaque fois que la liqueur sera prête à jeter, et lorsque le baril ne sera plus assez plein pour jeter l'écume, on y versera suffisamment de la liqueur des bouteilles.

La fermentation ayant cessé, on met le baril à la cave, avec l'attention de le tenir plein. Après deux à trois ans, on met l'*hydromel* en bouteilles que l'on bouche bien ; on les laisse debout pendant un mois, afin de voir si les bouchons ne sautent pas ; on les couche ensuite comme on couche la bière. On peut servir alors cet *hydromel* comme vin de liqueur ; son goût approche de celui d'Espagne ou de Malvoisie : cette liqueur est cordiale, dissipe les vents, aide à la respiration, résiste au venin. Il faut en boire avec modération, parce qu'elle enivre comme le vin, et que l'ivresse en est plus longue.

156. *Hydromels vineux composés.* On varie le goût des *hydromels* par différens mélanges. Ils se commencent comme il est dit au n° précédent ; mais quand l'*hydromel* approche de sa cuisson, on y met du quart au sixième, soit de bons vins vieux, soit du jus de fraise, ou de framboise, ou d'orange, etc. ; on purifie (*voyez* n° 148), et lorsque l'œuf nage à sa surface, on le retire, etc.

Pendant que l'*hydromel* est en fermentation, on y ajoute, si on veut, un nouet de fleur de sureau, ou les aromates indiqués par *Olivier de Serres*, tels que gingembre, ou gérofle, etc.

157. *Usage des anciens pour adoucir les vins, et des modernes pour en composer qui imitent les vins de liqueur ; moyen de les reconnaître.* Les Grecs mettaient dans leurs vins de la farine de *sésame* (73) pétrie avec du miel du mont Hymette (74). Par ce moyen, ils rendaient leurs vins délicieux ; c'est en les buvant qu'ils chantaient ces vers que dictait *Anacréon*, chansons charmantes, semées de maximes sur l'amour et l'amitié (75).

Les modernes imitent les vins les plus recherchés, tels que Malaga, Rota, Muscat, Constance, Malvoisie, etc. ; la consommation en est considérable à Paris : heureusement, encore une fois, que ces boissons ne sont pas mal saines, et qu'il est facile de les reconnaître. Pour cela, prenez une petite bouteille de verre blanc, mettez-y le vin que vous voulez éprouver. Tenez cette bouteille à pleine main, retournez-la de manière qu'elle soit renversée sur le pouce, trempez le pouce et le col de la bouteille dans l'eau, retirez le pouce ; si le vin est naturel, plus léger que l'eau, il y restera ; sinon, le miel se précipitera visiblement dans l'eau qui deviendra mielleuse, et ce qui restera dans la bouteille ne sera plus qu'une eau terne et désagréable au goût.

158. *Usages ridicules et idées superstitieuses relatives aux abeilles.* J'ai parlé de l'espèce de charivari qui se fait dans les campagnes au moment du départ des essaims, et qui est très-inutile.

Dans bien des cantons, lors du décès du maître d'une maison, on soulève toutes les ruches, même au cœur de l'hiver ; ce qui prouve encore que les abeilles réunies ne craignent pas les froids.

Il y a des personnes qui ont la simplicité de croire que les abeilles achetées ne prospèrent pas ; elles ne les vendent ou ne les prennent que par échange contre des denrées. D'autres, au printems, ne donneraient pas la liberté à leurs abeilles le *mercredi* ou le *vendredi*. Il y en a qui croient que les essaims sortis le jour de la Fête-Dieu, font leurs édifices en couronne ; que le 10 août les travaux cessent dans les ruches. Il y a parmi nous des bergers qui veulent faire croire que les abeilles sont sujettes à leurs maléfices ; ce préjugé nous vient des Grecs, (*Hérod. lib.* 2, *cap.* 281). Ces peuples avaient des magiciennes qui prétendaient qu'avec les productions des abeilles, elles pouvaient jeter des sorts. Pour leurs mystères, elles se servaient de figures de cire et de miel de montagne (*Theocrit.*) ; elles faisaient des libations avec du miel, et dans leurs évocations elles jetaient de la cire dans un brasier. (*Virgil. eg.* 8, *v.* 80). On en voyait qui travaillaient à des figures de cire, les chargeaient d'imprécations, leur enfonçaient des aiguilles dans le cœur, les exposaient dans différens quartiers de la ville d'Athènes. Ceux dont on avait copié les portraits, frappés de ces objets de terreur, se croyaient dévoués à la mort ; cette crainte abrégeait quelquefois leurs jours. (*Voyage du J. Ana.*, *ch.* 24). On fit des lois contre ces prétendues magiciennes. (*Plat. de leg. lib.* 2, *tom.* 2, *p.* 933).

159. *Loi sur les abeilles.* Une loi du 28 septembre 1791, concernant les biens ruraux, art. 2 de la 3ᵉ section, dit que les ruches d'abeilles ne peuvent être saisies ni vendues pour contribution publique, ni pour aucune autre dette, si ce n'est par celui qui les a vendues ou concédées à titre de cheptel ou autrement.

160. *Les ruches d'abeilles sont-elles meubles ou immeubles ?* Il n'y a plus de doute à cet égard : l'art. 524 du Code Civil décide que les ruches à miel font partie de l'immeuble sur lequel elles sont placées, à moins d'une exception positive ; de manière que celui qui vend un immeuble sur lequel il y a des *ruches à miel* ne peut les en retirer, à moins d'une exception dans le contrat de vente.

NOTES HISTORIQUES.

(1) Delà le préjugé que les abeilles doivent porter le deuil de leur maître ; *elles ont perdu leurs pères*, disent les villageois, et ils mettent un chiffon noir à chaque ruche.

(2) On ignore l'origine de cette superstitieuse coutume ; elle était en pratique dans la plus haute antiquité : en Grèce elle était prescrite par les lois de *Platon*, *V. de leg. lib.* 8 , *p.* 842. *Virgile* en fait un précepte.

(3) V. *Ruche et rucher de la Prée*, par M. *Caignard.*

(4) Les mouvemens brusques, la parole élevée déplaisent aux abeilles ; delà vient le préjugé que les abeilles n'aiment pas les personnes colères, ni celles qui jurent.

(5) Isle de l'Archipel, l'une des cyclades. V. *les Fragmens sur la Grèce*, par *Dansse de Villoison.*

(6) Il y a une espèce de fumée qui asphyxie les abeilles pendant une demi-heure, c'est celle du *lycoperdon*, espèce de champignon vulgairement connu sous le nom de *vesse de loup.* V. *l'Histoire naturelle de la reine des abeilles* de *Schirach*, p. 17.

(7) Il y a quelques abeilles ouvrières qui pondent, mais dont la ponte est si imparfaite qu'elles ne donnent que des œufs d'où sortent des mâles : on doit cette découverte à *Riems.* V. *les Contemplations de la nature*, par *Bonnet*, édit. in-4°, part. 11, p. 265. V. aussi les *Observations faites sur les abeilles*, par M. *Huber*, let. 5°.

(8) La vieille reine est toujours à la tête de la première colonie qui sort, les autres sont conduites par des jeunes reines. V. *Schirach*, pag. 15. V. aussi le détail des expériences de M. *Huber*, let. 9, 10 et 11.

(9) Expériences faites par M. *Huber*, pour connaître l'*origine de la cire. Première expérience sur des abeilles prisonnières réduites au miel pour toute nourriture.* En mai M. *Huber* fit loger un essaim dans une ruche, avec ce qu'il fallait de miel et d'eau pour sa consommation. Les abeilles y furent enfermées en leur laissant de l'air. Après cinq jours de captivité on leur laissa prendre l'essor dans une chambre fermée, on trouva dans la ruche cinq rayons d'un blanc parfait suspendus à la voûte. Cette épreuve fut répétée *cinq fois de suite*, avec les mêmes abeilles et les mêmes précautions ; chaque fois le miel avait été enlevé et de nouvelles cires avaient été produites.

Deuxième expérience sur des abeilles auxquelles on n'avait donné que du pollen et des fruits pour toute nourriture. Les abeilles ne touchèrent point au pollen et ne firent pas une cellule, pendant huit jours que dura leur captivité. Des observations continuées sur soixante-cinq ruches, donnèrent le même résultat et prouvèrent que le *pollen* ne contient pas les principes de la cire.

Troisième expérience sur des abeilles enfermées avec des matières sucrées. M. *Huber* voulant savoir si c'était la partie sucrée du miel qui mettait les abeilles en état de produire de la cire, fit enfermer des essaims dans des ruches vitrées, savoir un avec une livre de sucre de Canarie réduite en sirop, un autre avec une livre de cassonnade très-noire, et pour avoir un terme de comparaison, un avec une livre de miel. Les abeilles de ces trois ruches produisirent de la *cire*. Celles qui avaient eu du sirop de sucre et de la cassonnade en produisirent plus tôt et davantage que celui qui n'avait eu que du miel; le sirop donna 10 gros 52 grains de cire moins blanche que celle que les abeilles extraient du miel. La cassonnade donna 22 gros d'une cire très-blanche. Cette expérience répétée *sept fois de suite*, en employant toujours les mêmes abeilles retenues prisonnières, prouve que la cire vient du miel et non du pollen, comme on l'a cru long-tems. V. le 25e volume de la Bibliothèque britannique.

Ces expériences ont duré deux mois entiers, pendant lesquels les abeilles ont été retenues enfermées dans une chambre, les laissant seulement quelquefois sortir de leur ruche pour faire des vérifications. Les abeilles allaient au jour comme toutes les autres mouches, se promenaient sur les carreaux de la fenêtre, s'y réunissaient quelquefois en grappe, rentraient, et jamais ne passaient la nuit hors de leur ruche. M. *Huber* croit que dans la pièce où l'on retient les abeilles, il vaut mieux que le jour vienne du côté du nord, parce que le soleil qui donnerait sur la fenêtre ferait sortir trop d'abeilles à-la-fois et les tiendrait trop long-tems hors du logis. Il faut que la pièce soit petite et sans meubles, parce que les prisonnières ne pouvant sortir pour faire leurs nécessités, et ne les faisant jamais dans la ruche quelque longue que soit leur captivité, ne manquent pas de se vider dès qu'on leur permet de sortir de leur ruche, et alors elles salissent les murs et les plafonds des lieux qui leur servent de prison. (Ext. d'une let. inédite de M. *Huber* du 9 janvier 1812.)

Voici un hasard qui s'accorde parfaitement avec les observations de M. *Huber*.

Au mois de mai 1812 il a été adressé à la Société d'agriculture de Paris un mémoire relatif aux abeilles, par M. *Blondelu*, propriétaire à Noyon, dans lequel on lit ce qui suit :

« Il y a deux ans, dans le courant d'octobre, lorsqu'il n'y a plus de fleurs dans les prairies et dans les bois et qu'on hiverne les mouches qui ne sortent plus guères, j'ai transvasé une ruche de campagne dans une de mes boîtes *absolument vide*. J'ai placé dessous une espèce de tiroir plein de miel ; les mouches y sont descendues et n'en sont pas sorties qu'elles n'eussent enlevé tout le miel, et chose qui m'a paru merveilleuse, avec du miel commun de Bretagne épais et de couleur brune, *elles m'ont fait des gâteaux blancs comme de la neige*, remplis d'un miel aussi brun, mais beaucoup plus clair, plus pur, plus sucré que celui que je leur avais donné. J'ai répété l'été dernier cette expérience avec plusieurs de mes boîtes, et *toujours avec le même succès* et *le même résultat*; un grand nombre de personne en ont été témoins.

» D'après cette expérience il me semble pouvoir juger que les mouches *n'ont pu faire leurs gâteaux qu'avec du miel* que je leur avais donné, puisque la *boîte était vide*, qu'elles ne sortaient pas et que la saison ne leur offrait aucune ressource, que par conséquent *la cire est le produit du miel* travaillé dans l'estomac des abeilles, et *non celui des étamines des fleurs* qu'elles apportent à leurs pates, et qu'on appelait autrefois *cire brute*, etc. »

Après avoir démontré l'origine de la cire que les abeilles emploient pour la construction de leurs édifices, je dois parler de ces édifices mêmes dont la forme a occupé des mathématiciens fameux, entr'autres *Papus* qui vivait vers l'an 340, et *Samuel Kœnig* qui vivait au milieu du dernier siècle. Les ouvrages du premier ont été imprimés en 1588, et ceux du second depuis sa mort.

Le célèbre *Buffon*, dans son *Discours sur la nature des animaux*, paraît d'abord ne pas vouloir s'en occuper. *Une mouche*, dit-il, *ne doit pas tenir dans la tête d'un naturaliste plus de place qu'elle n'en tient dans la nature*. Cependant, dans le même discours, il s'en occupe très-sérieusement en réprouvant l'admiration de ceux qui ont écrit sur ces insectes. Je vais rapporter le passage de *Buffon*, je me permettrai ensuite quelques observations. « Qu'on mette ensemble, dans le même lieu, dit-il, 10,000 automates animés d'une force vive et tous déterminés, par la ressemblance parfaite de leur forme extérieure et intérieure et par la conformité de leur mouvement, à faire chacun la même chose dans le même lieu, il en résultera nécessairement un ouvrage régulier.

Les rapports d'égalité, de similitude, de situation, s'y trouveront, puisqu'ils dépendent de ceux du mouvement que nous supposons égaux et conformes; les rapports de juxtaposition, d'étendue, de figure, s'y trouveront aussi, puisque nous supposons l'espace donné et circonscrit; et si nous accordons à ces automates le plus petit degré de sentiment, celui seulement qui est nécessaire pour sentir son existence, tendre à sa propre conversation, éviter les choses nuisibles, appéter les choses convenables, etc. l'ouvrage sera non-seulement régulier, proportionné, situé, semblable, égal, mais il aura encore l'air de la symétrie, de la solidité, de la commodité, etc., au plus haut point de perfection; parce qu'en le formant, chacun de ces dix mille individus a cherché à s'arranger de la manière la plus commode pour lui, et qu'il a en même tems été forcé d'agir et de se placer de la manière la moins incommode aux autres.... *Ces cellules d'abeilles, ces hexagones tant vantés, tant admirés,* me fournissent une preuve de plus contre l'enthousiasme et l'admiration. Cette figure, toute géométrique et toute régulière qu'elle nous paraît, et qu'elle est en effet dans la spéculation, n'est ici qu'un résultat mécanique et assez imparfait qui se trouve souvent dans la nature, et qu'on remarque même dans ses productions les plus brutes. Les cristaux et plusieurs autres pierres, quelques sels, etc., prennent constamment cette figure dans leur formation. Qu'on observe les petites écailles de la peau d'une roussette, on verra qu'elles sont hexagones, parce que chaque écaille croissant en même tems se fait obstacle et tend à occuper le plus de place possible dans un espace donné; on voit ces mêmes hexagones dans le second estomac des animaux ruminans; on les trouve dans les graines, dans leurs capsules, dans certaines fleurs, etc. Qu'on remplisse un vaisseau de pois, ou plutôt de quelques graines cylindriques, et qu'on le ferme exactement après y avoir versé autant d'eau que les intervalles qui restent entre ces graines peuvent en recevoir, qu'on fasse bouillir cette eau, tous ces cylindres deviendront des colonnes à six pans. On en voit clairement la raison qui est purement mécanique; chaque graine dont la figure est cylindrique tend par son renflement à occuper le plus d'espace possible dans un espace donné; elles deviendront donc toutes nécessairement hexagones par la compression réciproque. Chaque *abeille* cherche à occuper de même le plus d'espace possible dans un espace donné; il est donc nécessaire aussi, puisque le corps de l'abeille est cylindrique, que leurs cellules soient hexagones, par la même raison des obstacles réciproques.... »

On reconnaît là le style du grand écrivain, mais on y voit que cet homme célébre avait tant de vivacité dans l'esprit qu'il a jugé au premier coup-d'œil de l'ensemble des édifices des *abeilles*, sans observer les détails : en reprenant son opinion on va en être convaincu.

Que l'on *remplisse*, dit-il, un vaisseau de graines cylindriques, et qu'on le ferme *exactement* après y avoir mis autant d'eau que les intervalles des graines peuvent en recevoir, qu'on fasse bouillir cette eau, par l'effet du renflement *tous* les cylindres deviendront des colonnes à six pans.

Je crois que cela n'est pas exact, attendu que les graines cylindriques qui toucheront aux parois du vaisseau, à sa base, à son couvercle, seront applatis du côté du contact, et dès-lors *tous* n'auront pas la forme hexagone.

Doit-on d'ailleurs comparer une ruche dans laquelle un essaim vient de s'établir, *vide* aux trois quarts et *non fermée*, où il ne peut y avoir compression réciproque, avec un vase *plein et exactement fermé* ? Pour qu'il y eût similitude, le vaisseau ne devrait être rempli qu'au quart, et alors les pois qui se gonfleraient resteraient cylindriques.

Pénétrons dans une ruche dans laquelle un essaim commence son travail, nous y voyons les ouvrières construire un rayon de cire dans une position perpendiculaire, n'ayant d'autre appui que son attache au haut de la ruche et absolument isolé. Si au bout de 48 heures nous examinons le premier rayon qui a communément 6 à 8 pouces (16 à 22 centim.) de long sur 4 à 5 pouces (11 à 14 centim.) de large, nous voyons les hexagones des extrémités aussi réguliers que ceux du centre, à la différence que ceux-ci sont plus profonds que ceux des extrémités qui, dans un tems prochain, allaient devenir également parfaits dans la largeur que les abeilles allaient incessamment donner à ce rayon. Si les hexagones se formaient par la compression des corps des abeilles entr'eux, comment pourrait-il se faire que les alvéoles des extrémités qui n'ont point d'appui, fussent aussi parfaits que ceux du centre ?

Si on considère les rayons remplissant la largeur de la ruche, on remarque dans ceux du centre des trous de 8 à 10 lig. (16 à 20 millim.) de diamètre que les abeilles ont fait pour les communications entre elles; on voit les alvéoles de la circonférence de ces passages aussi bien formés que ceux du milieu des rayons, mais sans être aussi profonds. Une seule abeille ne bâtit pas une cellule, son corps ne contient pas assez de cire pour qu'après l'avoir rendue elle puisse se mouler dedans; lorsqu'elle n'a plus de cire, il faut qu'elle se retire, pour faire place à une autre qui se retire à son tour.

Dans les hivers humides, les vapeurs qui séjournent dans les ruches font moisir des parties de rayons; dès les premiers beaux jours les ouvrières rongent les parties moisies et les rétablissent avec de la cire nouvelle; ces alvéoles devraient avoir quelques imperfections s'ils étaient moulés, et cependant on ne voit aucune différence, si ce n'est la couleur blanche de la nouvelle cire qui la distingue de l'ancienne.

Si les alvéoles étaient produits par la pression réciproque, ils auraient tous la même figure, la même dimension, la même profondeur, le même diamètre, et cependant dans les ruches on distingue quatre espèces d'alvéoles différens. Il y en a qui ont jusqu'à un pouce de profondeur (3 centim.), d'autres ont 8 lignes (16 millim.); d'autres n'ont que 5 lig. et demie (11 millim.). Les uns n'ont que 2 lignes et 2 cinquièmes de diamètre (4 millim.); d'autres ont 3 lignes un tiers (6 mill.). Les alvéoles des jeunes reines qui ont la forme et la grosseur d'un gland de chêne, et pour lesquels les abeilles emploient autant de cire qu'il en faudrait pour 120 à 150 cellules ordinaires, rejettent toute idée de compression réciproque; et lorsqu'on voit que les ouvrières font et défont annuellement ces alvéoles des jeunes reines, qu'elles ont la faculté de fermer leurs cellules avec des couvercles de cire qui sont bombés, et de les déboucher à leur volonté, et qu'enfin elles se font des retranchemens avec de la cire (V. nº 47 *du Manuel*), on ne peut être de l'avis de *Buffon*.

Ce sentiment de *Buffon* n'a pas touché son continuateur, M. *Latreille*, qui dans l'*histoire des insectes*, à l'article des *abeilles*, s'exprime ainsi: « Dans la série innombrable des insectes, il n'en est pas dont l'histoire présente une aussi prodigieuse fécondité de merveilles que celle des *abeilles*. Sous le rapport de l'industrie, ces insectes sont le chef-d'œuvre du créateur, et l'homme lui-même, si fier de ses dons naturels, est en quelque sorte humilié à la vue de l'intérieur d'une ruche. Comment ne pas céder aux transports de l'admiration en contemplant l'*abeille*, cet insecte si faible en apparence, travailler sans relâche pour rassembler les matériaux de son habitation, les pétrir, les façonner avec tant d'art, élever ces étonnans édifices dont l'architecture a été le sujet des méditations des grands géomètres? »

(10) *Expériences faites pour connaître quel usage les abeilles font du pollen.—Première expérience.* M. *Huber* avait une ruche vitrée à 12 feuillets dont la reine était inféconde; ses gâteaux ne contenaient point de *pollen*, mais ils avaient du miel. Le 16 juil-

let, **M.** *Huber* fit enlever la reine ainsi que les 1er et 12e gâteaux dont les cellules étaient occupées par des œufs et des
vers de tout âge, après avoir fait retrancher les alvéoles où
l'on aperçut du *pollen*, et la ruche fut fermée avec une grille.
Le 17, les abeilles paraissaient soigner les petits. Le 18, après
le coucher du soleil, on entendit un grand bruit dans cette
ruche, on ouvrit les volets et l'on remarqua que tout était en
tumulte, le couvain était abandonné, les abeilles rongeaient
la grille de leur clôture, on les mit en liberté. Tout s'échappa,
mais l'heure n'étant pas propre à la récolte, l'obscurité nais-
sante et la fraîcheur les obligèrent à rentrer; elles remontèrent
sur les gâteaux, l'ordre parut rétabli, la ruche fut refermée.
Le 19, on vit deux cellules royales ébauchées. Le soir du même
jour et à la même heure que la veille, le tumulte recommença;
on laissa échapper l'essaim, il rentra et la ruche fut refermée.
Le 20, cinquième jour de leur captivité, on voulut examiner
le couvain et voir quelle était la cause de l'agitation pério-
dique de ces abeilles. On transporta la ruche dans une
chambre dont les fenêtres étaient fermées, on donna la liberté
aux abeilles, et l'on vit que les cellules royales n'avaient point
été continuées; on ne trouva ni œufs, ni vers, et pas un
atôme de gelée qui sert d'aliment aux larves, tout avait dis-
paru: ces vers étaient donc morts de faim. Cela venait-il de
la suppression du *pollen*? Il suffisait pour s'en convaincre de
rendre le pollen et de voir ce qui arriverait.

Deuxième expérience. On fit rentrer les abeilles dans leur
prison, après avoir substitué de nouveaux rayons contenant
des œufs, et des jeunes vers à la place de ceux qu'elles avaient
laissé périr. Le 22, on reconnut que les abeilles avaient lié
leurs gâteaux et qu'elles étaient sur le nouveau couvain; on
leur donna alors quelques fragmens de rayons où d'autres ouvrières avaient emmagasiné du *pollen*, on en prit encore dans
quelques cellules et on le posa à découvert sur la table de la
ruche. Au bout de quelques minutes les abeilles prirent de
ce *pollen*, le mangèrent avidement, se posèrent sur les
cellules des jeunes vers, y entrèrent la tête la première et y
restèrent plus ou moins long-tems. On ouvrit doucement la
ruche, on poudra les abeilles qui mangeaient le *pollen*, et on
vit que les abeilles poudrées retournaient au *pollen*, reve-
naient au couvain et entraient dans les cellules des jeunes
vers. Le 23, on vit des cellules royales ébauchées. Le 24, on
reconnut que tous les vers avaient de la gelée, comme dans
les alvéoles ordinaires, que des vers avaient été enfermés
nouvellement, que les cellules royales avaient été prolongées.
Le 26, deux cellules royales avaient été fermées pendant la

nuit. Le 27, la liberté fut rendue aux abeilles, on trouva de
la gelée dans les cellules qui contenaient encore des vers,
mais le plus grand nombre avait été fermé d'un couvercle de
cire, on en ouvrit plusieurs et on trouva les vers occupés à
filer leur coque. Après cette épreuve on ne pouvait plus douter que le *pollen* ne fût l'aliment qui convient aux petits des
abeilles, et que ce fût le défaut de cette matière qui eût causé
leur mort et l'angoisse si évidente de leurs nourrices pendant
leur première captivité. (V. *le 25ᵉ volume de la Bibliothèque
britannique.*)

(11) L'odeur qu'exhalent les ruches, dit M. *Huber*, et la
taille des abeilles sont des indices auxquels on peut toujours
reconnaître s'il y a du miel dans les fleurs ; on ne peut en
douter quand ils sont réunis , etc. (V. *le Mém. sur l'origine
de la cire au 25ᵉ volume de la Bib. britannique.*)

(12) V. *Schirach*, chap. 3, p. 17. « Un simple hasard,
dit-il, m'apprit qu'une portion de couvain pouvait donner
une reine, lors même que dans cette portion il ne s'y trou-
vait point de *cellules royales.* Pour parvenir à arracher à ces
mouches leur secret, je me procurai une douzaine de petites
boîtes de bois, je coupai dans une ruche une portion de couvain de 4 pouces en carré qui contenait des œufs et des vers,
je plaçai ces petits gâteaux dans une de mes caisses de manière que les abeilles pussent le couvrir de toute part et cou-
ver en quelque sorte les œufs et les vers. Je renfermai ensuite
dans la caisse une poignée d'abeilles ouvrières; j'en usai de
même à l'égard des autres caisses, je tins mes caisses fermées
pendant deux jours ; le troisième, j'ouvris six de mes caisses,
et je vis que les abeilles avaient commencé à construire dans
toutes ces caisses des *cellules royales* et que chacune de ces
cellules renfermait un ver âgé de quatre jours, qu'elles n'avaient
pu choisir que parmi les vers appelés à se transformer en
abeilles ouvrières. Quelques-unes de ces caisses avaient une,
deux et jusqu'à trois cellules royales. Le quatrième jour,
j'ouvris les autres caisses et j'y comptai de même une, deux
et jusqu'à trois cellules royales, contenant des vers de quatre
et cinq jours, et qui étaient placés au milieu d'une bonne
provision de gelée. Je continuai à répéter cette singulière expérience tous les mois de l'été, et même dans le mois de
novembre, où l'on sait que les abeilles ne donnent jamais
d'essaims, et chaque fois je me procurai la plus belle reine :
j'étais si sûr de la réussite, que m'étant fait donner *un seul ver,*
renfermé dans une cellule ordinaire, les abeilles s'en procu-
rèrent une reine. » M. *Huber* a fait des expériences qui confir-
ment la découverte de *Schirach.* Depuis dix ans, dit M. *Huber,*

que je travaille sur les abeilles, j'ai répété tant de fois l'expérience de M. *Schirach* avec un succès si soutenu, que je ne
puis pas élever le moindre doute : je regarde donc comme
un fait certain, que lorsque les abeilles perdent leur reine et
qu'elles ont dans leur ruche des vers d'*ouvrières*, elles aggran-
dissent plusieurs cellules dans lesquels ils sont logés, qu'elles
leur donnent non-seulement une nourriture différente, mais
en plus forte dose, et que les vers élevés de cette manière, au
lieu de se convertir en abeilles communes, deviennent *de*
véritables reines, etc. V. *les nouvelles observat.* de M. *Huber,*
Genève, 1792, *let.* 4, *pag.* 138. *V. aussi let.* 9, *p.* 156, *dans*
laquelle M. *Huber raconte qu'il a fait cette expérience en*
1788 *sur dix-huit ruches.*

Citons encore ici M. *Latreille.* Les abeilles ouvrières, dit
ce naturaliste, sont des *femelles* dont le sexe est avorté... Mais
l'empire qui est fondé sur la tête d'une seule reine,
n'est-il pas sans cesse menacé d'une ruine totale? son sort ne
dépend-il pas d'une seule tête, de l'existence de cette souve-
raine, de cette mère abeille? « Rassurez-vous, la prévoyance
de l'auteur de tous les êtres ne peut être surprise. Il a statué
que *les abeilles ouvrières pourraient convertir,* dans certaines
circonstances, *une larve* qui serait devenue abeille ouvrière,
en une reine, ou en mère.... L'histoire des abeilles est une
suite de prodiges. »

(13) Ce sont ces perfections qui ont fait dire à *Virgile* que
l'abeille est *un rayon de la divinité* ; à *Plutarque*, qu'elle est
le magasin des vertus ; à *Quintilien*, que la géométrie lui a
donné sa ligne et son compas, par où elle règle ce qu'elle
construit. *L'arithmétique* lui a fait trouver le nombre hexa-
mètre pour former ses alvéoles à six pans, selon le nombre
de ses pieds. *Maîtresse en pharmacie,* puisque tous les apo-
thicaires, avec tous les aromats de leurs officines, ne peuvent
rien faire de semblable au miel. *Alex. de Montfort*, auteur
du dix-septième siècle, dit que l'abeille a la science de *l'as-*
tronomie, disposant ses ouvrages *à l'advenant* de la saison,
en faisant des provisions pour le tems auquel elle ne peut
trouver en *campaigne* ce qui lui est nécessaire ; qu'elle est le
bréviaire de la diligence, ne chomant jamais, si le tems ne
l'empêche ; qu'elle est *la honte* des paresseux, qui veulent
encore tirer gloire de leur oisiveté ; qu'elle fait *la leçon* aux
gourmands et aux ivrognes qui, par la sobriété de cette petite
bête, se trouvent confondus en leurs désordres ; qu'elle fait
encore *la leçon* aux mal-propres, en ce qu'elle vide son ventre
toujours si loin des ruches, qu'elle et ceux qui les entourent
n'en sont jamais incommodés, ne se vidant pas même pen-

dant six mois que la froidure la retient dans les ruches dans les contrées septentrionales , si ce n'est pour maladies. (V. *le portrait de la mouche à miel, ses vertus , forme, sens et instruction ,* par *A. de Montfort ,* Liége , 1646.)

Si je rapporte les paroles de *de Montfort ,* ce n'est pas que je croie que les abeilles aient la prévoyance d'amasser pendant l'été des provisions pour vivre pendant l'hiver ; tous les animaux qui ont une demeure fixe y transportent de la nourriture plus qu'il ne leur en faut pour vivre, par l'habitude qu'ils ont pris d'emporter pour manger sans être troublé. Les abeilles emportent du miel tant qu'elles trouvent des fleurs qui en contiennent , et dans cette circonstance elles emporteraient des provisions dix fois plus qu'il ne leur en faudrait pour passer la mauvaise saison, et s'il y en a qui en manquent, c'est qu'elles n'en ont point trouvé.

(14) Les belles expériences faites par M. *Huber ,* ayant été répétées par plusieurs savans , les doutes se dissipent. *Voyez les nouvelles Observations sur les abeilles , adressées à M. Bonnet par F. Huber.*

(15) Voici des faits qui attestent l'attachement des abeilles pour leur reine. *Swammerdam* dit qu'en enfermant une reine dans un poudrier de verre, placé à portée d'être vu, les abeilles l'entourent dans un instant. Il conjecturait que les abeilles étaient attirées par une émanation de cette reine , ou parce qu'elles l'apercevaient. M. *Debois-Jougan* fils m'a attesté un autre fait comme en ayant été témoin. Un curé près de Caen, pressé un dimanche d'aller à l'office , en traversant son jardin aperçoit un essaim en l'air, et voit une reine à terre ; il la prend, la met dans un cornet de papier, la porte dans son presbytère , et pose le cornet sur l'appui d'une croisée fermée. Après l'office, on ne trouve point d'essaim dans le jardin , on entre dans le presbytère , et on aperçoit l'essaim extérieurement collé contre la croisée, le plus près qu'il lui avait été possible du cornet de papier. Dans ce second fait , les abeilles n'avaient point été attirées par la vue de leur reine , l'avaient-elles été par émanation ? *Th. Mill* ou autrement *Wildman ,* anglais , a donné un ouvrage ayant pour titre : *Traité de l'éducation des Abeilles , dans lequel on a inséré leur histoire naturelle avec les méthodes anciennes et modernes de les élever, en indiquant la meilleure ,* etc. Un vol. in-4°, avec gravures. Londres , 1768. « Plusieurs personnes , dit-il, ont été étonnées de voir les abeilles s'attacher aux différentes parties de mon corps ; elles ont paru désirer posséder mon secret. Je déclare donc que *la reine des abeilles* et *la crainte* que je leur inspire , sont les princi-

paux agens de cette opération. Il faut un art ou plutôt une
pratique pour la bien exécuter. La perte de plusieurs ruches
sera nécessairement la suite des tentatives avant de réussir.
Une longue pratique m'a appris que, lorsqu'on donnait plusieurs coups sur les côtés ou sur le bas d'une ruche, la reine
paraissait aussitôt pour voir la cause de cette alarme, et elle
se retirait sur-le-champ au milieu de son peuple. M'étant
accoutumé à la voir fréquemment, je l'apercevais aux moindres coups que je donnais sur la ruche. Une longue pratique
m'a enseigné les moyens de m'en saisir dans l'instant avec
les précautions convenables pour sa vie, ce qui est d'une
grande importance, puisque le moindre tort fait à la reine,
cause la perte de la ruche. Quand je me suis emparé de la
mère-abeille, je puis la tenir dans ma main sans lui faire
aucun mal et sans qu'elle me pique. Je retourne vers le rucher, je garde la reine jusqu'à ce que les abeilles, s'en voyant
privées, s'envolent toutes avec la plus grande confusion. »
(Ce passage est mal expliqué : si on enlève une reine d'une
ruche, les abeilles ne s'envolent pas, elles se mettent dans
une agitation extraordinaire, et courent confusément dessus
et autour de leur ruche). « Lorsque ces insectes sont ainsi
troublés, continue *Wildman*, je place leur reine dans l'endroit où je veux qu'elles s'arrêtent ; quelques abeilles qui l'aperçoivent dans l'instant, vont avertir leurs compagnes les plus
voisines, et celles-ci avertissent le reste de l'essaim ; cet avis
devient si général, que les abeilles se rassemblent toutes
autour de la reine dans quelques minutes : elles sont si char-
mées qu'elles demeurent long-tems dans la même situation ;
l'odeur du corps de leur reine a tant d'attraits pour elles, que
par-tout où elle passe, elles s'y attachent sur-le-champ, et
la suivent sans cesse. L'amour de la vérité, dit-il encore,
m'oblige à dire que je suis parvenu, avec bien des précautions,
à mettre un fil de soie autour de la reine, sans lui faire aucun
mal ; je la fixe alors dans l'endroit où je présume qu'elle ne
restera pas naturellement. Je me suis servi quelquefois d'un
moyen moins dangereux, qui consiste à couper un des côtés
des ailes à la reine. » En terminant, *Wildman* s'écrie : O Bre-
*tons ! je vous ai enseigné les moyens d'opérer mes sortiléges,
mais je ne saurais vous faire voir combien de tems je me
suis exercé à cette opération, ni l'inquiétude et les soins
que j'ai pris pour mes abeilles, ces insectes si utiles ; je ne
saurais pareillement vous communiquer mon expérience qui
est le fruit d'un grand nombre d'années.*

Wildman opérait ainsi dans son rucher, mais à Paris, à
la foire, à l'Académie, et chez les seigneurs où il était appelé :

il employait d'autres procédés ; je les tiens de **M.** *Caron* qui l'aidait dans ces circonstances. Lorsque *Wildman* voulait donner son spectacle, M. *Caron* lui procurait quatre ruches vides dans lesquelles on avait chassé les abeilles de leurs ruches pleines. On attachait préalablement dans chaque ruche un rayon de miel, et un autre contenant du couvain pour y attirer, retenir et nourrir les abeilles. Les ruches étaient enveloppées, et les abeilles ne pouvaient s'en échapper. Quelque part qu'il donnât son spectacle, il fallait que ce fût dans l'obscurité ; le local n'était éclairé par des bougies qu'à l'instant où l'on était réuni : il faisait alors étendre une grande nappe blanche sur laquelle il disposait les bougies en rond, il détachait l'enveloppe, et en baragouinant quelques mots, il posait la ruche un peu rudement ; la secousse faisait tomber les abeilles sur la nappe au milieu des bougies : comme la reine est toujours accompagnée d'un groupe, il la distinguait aussitôt, la prenait et faisait suivre sa main dans l'intérieur des bougies : il finissait par la présenter à l'entrée de la ruche, elle y rentrait aussitôt, suivie de tout son peuple, etc. J'ai répété les procédés de *Wildman*, rien n'est plus facile, et j'ai remarqué que les abeilles ne volaient point à cause du fond d'obscurité qui régnait au haut et dans toute la circonférence extérieure des bougies.

(16) Comme cela n'est que curieux, je ne rapporterai point le détail des expériences de M. *Huber* à cet égard : on les trouvera dans ses trois premières lettres à M. *Bonnet*. Dans ces derniers tems, M. *Ducouëdic* a renouvelé une rêverie de M. *de Braw* qui a prétendu que les abeilles se perpétuaient sans accouplement, mais seulement par la fécondation des œufs de la reine par les faux-bourdons, à la manière des poissons. En premier lieu, M. *Huber* a fait des expériences positives sur ce point, qui en démontrent la fausseté (V. sa première lettre à M. *Bonnet*). En second lieu : il ne faut qu'un simple raisonnement pour faire sentir que cela n'est pas. Tous ceux qui ont des abeilles savent que les faux-bourdons sont annuellement chassés et détruits par les abeilles ouvrières. Dans ce cas on demande comment les premiers œufs d'abeilles ouvrières et de faux-bourdons que la reine pond à chaque printems, peuvent être fécondés dans un tems où il n'y a pas un faux-bourdon dans les ruches?

(17) V. la première lettre de M. *Huber* à M. *Bonnet*.

(18) *Dubost*, dans son ouvrage ci-devant cité, p. 54, dit : « Je perdis une ruche en août 1787 ; j'en tirai des gâteaux remplis de nymphes, que j'abandonnai dans un grenier jus-

qu'au printems suivant, que j'en voulus extraire la cire. En
la préparant pour la faire fondre, j'en sortis des nymphes que
le hasard me fit laisser au soleil. Quelle fut ma surprise de les
voir au bout de quelques instans remuer et s'agiter en tout
sens ! »

(19) *Ch. de l'Écluse* (Clusius), médecin célèbre, professeur de botanique à Leyde, qui vivait au dix-septième siècle ;
Duhamel du Monceau et M. *Huber.*

(20) V. dans les Annales de Chimie, 1802, l'analyse qui
en a été faite par M. *Vauquelin.* V. aussi les mêmes Annales,
1808, et le Bulletin de Pharmacie de M. *Cadet.*

(21) V. mon *Mémoire sur la difficulté de blanchir les cires
de France*, qui se trouve chez Mme Huzard. *Duhamel* a fait
quelques expériences sans progrès. V. *l'Art du Cirier.* M. *Guy-
ton de Morveau* a fait blanchir de la cire en rubans sous une
grande cloche à l'aide des vapeurs du gaz muriatique oxigéné,
mais elle resta imprégnée d'une odeur désagréable. V. le cin-
quante-unième *Bulletin de la Société d'Encouragement.*

(22) Il donne la manne ; la Calabre et la Sicile en fournissent abondamment.

(23) Il donne aussi de la manne, connue dans le commerce
sous le nom de *manne de Briançon.*

(24) C'est ce qu'on nomme la *miellée ;* il y a des personnes
qui croyent qu'elle tombe du ciel, c'est une erreur. V. la dis-
sertation faite sur la miellée, intitulée : *Observations sur l'origine du miel,* dans les Mémoires de l'Académie de Marseille,
1762, par M. *Boissier de Sauvage.*

(25) V. l'histoire de la maladie dite *diabétès sucrée*, par le
docteur *Rolo*, traduit de l'anglais par M. *Alyons.*

(26) Cela est si vrai qu'en donnant aux abeilles du miel
coloré en rouge, verd, bleu, etc., on le retrouve dans la
ruche tel que les abeilles l'ont enlevé.

(27) Dans l'Encyclopédie on a dit qu'on avait reconnu aux
poussières des étamines de certaines plantes que les abeilles
allaient jusqu'à quatre lieues. L'abbé *della Roca* croit que les
abeilles sentent le miel de quatre à cinq lieues. Le docteur
Chambon croit difficile à l'abeille de se porter à une lieue.
M. *Huber* a donné la solution de ce point. A l'époque de la
révolution M. *Huber* fut demeurer à Cour près de Lauzanne ;
il avait le lac d'un côté et des vignes de l'autre. Il s'aperçut
bientôt du désavantage de sa position. Lorsque les vergers de
Cour furent défleuris et le peu de prairies voisines fauchées,
il vit les provisions des mères-ruches diminuer journellement,

les travaux de ses essaims cesser tellement que ses abeilles seraient mortes de faim en été s'il ne les eût pas secourues, et son rucher d'une année sur l'autre fut entièrement ruiné. Pendant que tout allait mal à Cour, les abeilles de Renan, de la Chablière, du bois de Vaux, de Cery, etc., lieux situés à une *demi-lieue* de Cour, sans qu'il y eût lac, bois ni montagnes entre les deux distances, vivaient dans l'abondance, jetaient de nombreux essaims, remplissaient leur ruche de cire et de miel. Si mes abeilles, dit M. *Huber*, eussent pu franchir l'intervalle qui les séparait des lieux où elles auraient trouvé de quoi vivre, elles l'eussent fait plutôt que de se laisser mourir de faim. Elles ne réussissent pas mieux à Vevai, continue M. *Huber*, cependant il n'y a pas plus d'une *demi-lieue* et aucun obstacle de Vevai à Hautteville, Chardonne, etc., où elles prospèrent…. Extrait d'une lettre inédite de M. *Huber*, avril 1810.

(28) J'ai vu des amateurs prétendre que dans le Nord les hivers sont trop longs et les étés trop courts pour qu'il puisse y avoir des abeilles, cependant les voyageurs attestent leur existence dans les contrées voisines du pôle. Les étés sont courts il est vrai, mais ils sont pour les abeilles à-peu-près aussi longs que dans notre climat, parce qu'il n'y a point de nuit dans les mois de juin et de juillet, et qu'elles y sont, comme nous l'avons dit, dans une prodigieuse abondance à cause des arbres résineux qui couvrent ces contrées. Le même voyageur ci-devant cité, *Gmelin*, étant au mois de juin dans le fond de la Sibérie, raconte qu'on voyait le soleil pendant toute la nuit. « Vers minuit, dit-il, on pouvait regarder le soleil sans être ébloui : il était comme la lune, les rayons ne commençaient à se rendre sensibles qu'après minuit. La troupe des voyageurs ne put s'empêcher de célébrer ce magnifique spectacle, qu'aucun d'eux n'avait vu et que selon les apparences il ne devait jamais revoir. On se mit à table dans la rue, le visage tourné au nord ; tout le monde fixait le soleil sans en détourner un instant les yeux, et on changeait de situation à mesure que cet astre avançait. On jouit de ce rare spectacle jusqu'au moment où les rayons du soleil, qui prenait insensiblement de la force, devenus trop vifs, ne pouvaient plus qu'incommoder. » (V. l'Hist. gén. des Voy., par *Laharpe*, tome 9, p. 99.)

(29) V. *la Méthode avantageuse de gouverner les abeilles*, par *Dubost*.

(30) V. la neuvième lettre de M. *Huber* à M. *Bonnet*.

(31) V. les recherches sur les maladies épizootiques, par le docteur *Paulet*, publiés par ordre du roi en 1775.

(32) Du mot latin *umbella,* parasol, famille dont les caractères sont d'avoir des fleurs en *ombelle* où en *parasol,* comme l'angélique, la carotte, la ciguë, le persil, etc.

(33) V. l'ouvrage ci-devant cité du docteur *Paulet.*

(34) On détruit les rats avec des assommoirs et les autres avec un piége fort simple. Prenez un petit pot de jardin, posez-le sur une tuile, tenez le pot soulevé d'un côté avec une noix ouverte du côté de l'intérieur du pot ; les petits animaux s'introduiront sous le pot, le feront tomber sur lui-même en rongeant la noix, et seront pris Il faut renouveler les pots, les tuiles et les noix de tems à autre où les passer au feu ; ce piége est meilleur que la bûchette ou quatre de chiffre.

(35) Dans le nord il y a des propriétaires qui se font un amusement cruel de la passion de *l'ours* pour le miel. Ils enferment un chat dans un petit tonneau qu'ils frottent extérieurement de miel, ils font quelques trous par où le chat peut passer la pate. Ils mettent le petit tonneau au milieu d'une enceinte de planches qu'ils nomment *palkan,* qui entoure la maison de ces propriétaires. On déchaîne l'ours qu'ils élèvent par luxe, *l'ours* court aussitôt au petit tonneau pour en lêcher le miel ; le chat croyant que l'ours veut le dévorer, lui donne des coups de griffes sur la langue, bientôt *l'ours* devient furieux et presse inutilement le petit tonneau contre sa poitrine pour l'écraser ; voyant ses efforts inutiles il le jette en l'air à différentes reprises, le petit tonneau se brise en tombant, et l'ours met le chat en pièces.

(36) L'entomologie désigne deux espèces de *teignes* de la cire : la grande et la plus commune, *galleria cereana,* et la petite, *galleria alvearia. Réaumur* les a désignées sous le nom de *fausses teignes,* pour les distinguer des teignes véritables dont les chenilles s'enferment dans des fourreaux qu'elles transportent avec elles, au lieu que celles dont il s'agit se pratiquent des galeries immobiles dans lesquelles elles se mettent à couvert.

(37) J'avais enfermé 200 *fausses teignes* dans une caisse sans une parcelle de cire, mais avec du papier : elles ont mangé le papier, percé les planches de la caisse, et se sont répandues dans une armoire contenant une petite pharmacie de campagne. Elles ont mangé de la manne, des onguens, des bouchons, elles ont touché à tout, excepté à de la propolis que j'avais amassée : avec ces alimens elles ne parviennent pas à la même grosseur que lorsqu'elles se nourrissent avec de la cire. Les papillons en sont plus petits.

(38) Il ne faut pas croire, dit *Buffon*, que la vue des animaux qui s'exercent à une petite lumière, puisse se passer de toute lumière et qu'elle perce l'obscurité la plus profonde; dès que la nuit est bien close, ils cessent de voir.

(39) Au commencement de mai 1811, ayant remarqué une de mes ruches contenant un essaim de l'année précédente dont les abeilles étaient dans l'inaction, j'en examinai l'intérieur et je ne vis rien encore. Le 15, la nonchalance continuait, la table était mal-propre; on y voyait quelques petits excrémens de teignes. Le 1er juin, les excrémens étaient plus gros. Le 10, ayant vu au travers des fentes du plancher nombre de coques de teignes, je déplaçai à l'instant une bonne ruche, je posai la ruche infectée de la teigne et sans couvercle à la place de la bonne ruche, que je plaçai dessus, ne laissant que l'entrée de la ruche inférieure. A l'instant les abeilles de la bonne ruche se répandirent dans la mauvaise, et pendant trois jours et trois nuits elles s'acharnèrent à la nettoyer, jetant dehors chenilles, coques, chrysalides et soies de teignes. Au mois d'octobre j'ai enlevé la ruche supérieure et j'ai posé son couvercle sur la ruche inférieure nettoyée. A l'entrée de l'hiver cette ruche était en bon état, et au printems on ne la distinguait pas des autres.

(40) *Sphinx atropos*. Lin., Geoff.; Fabri., Latreille, etc.

(41) On doit cette découverte à M. *Huber*, il a même fait dessiner des fortifications faites par des abeilles dans cette circonstance. (V. *vol.* 27 *de la Bibliothèque britannique.*)

(42) 1754, époque de la traduction faite de la description de *ruche écossaise*, prise dans les *Mémoires de la société royale de Londres.* Traduction qui se trouve dans le tome 4 des Mémoires académiques, partie étrangère.

(43) Dans les Mémoires de l'Académie (1754), *Duhamel* rapporte que le curé de Lillay-le-Pelieux ayant placé un fort panier d'abeilles sur le fond d'un cuvier renversé auquel il avait fait un trou, les mouches remplirent tellement le cuvier de gâteaux épais dont les alvéoles profonds ressemblaient à des tuyaux de plumes, que le sieur *Dubois* qui l'acheta du curé retira 5 à 6 livres de cire et 420 livres de miel. Ce fait vient d'une source trop respectable pour être contesté, mais il est si extraordinaire qu'il aurait dû être accompagné de plus de détails. *Duhamel* aurait dû dire s'il avait vu le cuvier plein, si les abeilles n'avaient pas d'autre entrée que le trou qui couvrait la ruche. Une multitude de propriétaires ont depuis placé des ruches sur des cuviers, sur des baquets, sur

des tonneaux percés, et le fait ne paraît pas avoir eu lieu une seconde fois. Les personnes qui connaissent la disposition des édifices des ruches ont peine à concevoir que les abeilles qui placent toujours leur plus grande provision de miel dans le haut de leur demeure, soient descendues dans le cuvier, qui était une cave pour elles, afin d'y amasser jusqu'à 420 livres de miel. On aurait dû dire aussi combien de tems les abeilles avaient employé pour réunir une telle provision.

(44) Comme inventeur il demanda au ministre, le cardinal *de Fleury*, le privilège de l'établir en France. Let. de *Réaumur* du 29 janvier 1757, relatée dans les *Mémoires de la Société d'agriculture* de Bretagne, 1759 et 1760.

(45) V. le *Traité pratique de l'éducation des abeilles*, Vendôme, 1806. N° 69.

(46) V. les rapports faits à la Société d'agriculture de Paris et à l'Institut, par MM. *Bosc* et *Olivier*, les 18 avril et 3 décembre 1810.

(47) *Swammerdam*, dans son *Histoire générale des insectes*, nous dit qu'en coupant les alvéoles on en voit dont le fond est de l'épaisseur de la moitié d'un écu, tandis que pour l'ordinaire il est extrêmement mince : cela vient, ajoute-t-il, de *plusieurs toiles mises les unes sur les autres. Maraldi* a vu dans un seul été des alvéoles servir cinq fois de suite de berceau à des jeunes abeilles ; c'étaient dans une seule saison *cinq toiles* mises les unes sur les autres. V. les *Mémoires de l'Académie*, 1713, p. 314.

(48) Le docteur *Chambon* dit que les alvéoles qui ont contenu des larves ont une mollesse qui embarrasse la personne qui coupe, parce qu'ils *s'arrachent plutôt que de se laisser inciser, en fléchissant sous le tranchant.* V. son *Manuel de l'éducation des abeilles*, note 19.

(49) V. les expériences de Mme *Vicat*, dans les *Mémoires de la Société économique de Berne*.

(50) V. l'*Histoire naturelle de la reine des abeilles*, par *Schirach*, chap. 3, p. 19.

(51) V. les *Mémoires de la Société économique de Berne*, la lettre de Mme *Vicat* à *Vogel*, 1770. Se trouve à la suite de l'ouvrage de *Schirach*.

(52) V. la *Méthode avantageuse de conserver les abeilles*, par *Dubost*.

(53) V. le rapport des commissaires de la Société d'agriculture, sciences et arts de Rennes, du 15 novembre 1809.

(54) En parlant de la trop grande capacité de la *ruche pyramidale* de M. *Ducouëdic*, MM. *Bosc* et *Olivier*, membres de l'Institut et commissaires choisis pour l'examen de cette ruche, dans leur rapport fait à la Société d'agriculture de Paris et à l'Institut, s'expriment ainsi : « Il est de fait que le » miel se colore et se détériore d'autant plus qu'il reste » davantage dans les ruches à raison de la réaction de ses » principes sur eux-mêmes, réaction fortifiée par la grande » chaleur qui règne dans les ruches ; le miel de l'année est » toujours le meilleur. »

(55) Dans les grandes Indes on enduit les maisons avec de *la chaux et de la fiente de vache pour les préserver des insectes.* Voyez *l'Histoire des Voyages* de *Tavernier, Bernier* et *Mandeslo*, tome 5, p. 529, de *Laharpe.*

(56) Dans un mémoire adressé à la Société d'agriculture de Paris en 1811, un propriétaire, en parlant d'un essaim qui depuis dix-huit ans s'est logé dans un endroit élevé de sa maison, dit que « cet essaim n'a jamais cessé de donner de nombreux essaims qui *tous se sont échappés sans qu'on ait jamais pu les fixer, parce que la hauteur du lieu d'où ils sortent, facilite leur éloignement.* »

(57) Pour avoir de la fiente de vache séchée, il faut, lorsqu'elle est fraîche, la ramasser avec une truelle ou spatule de bois, et la jeter contre un mur au soleil ; elle sera bientôt séchée, de manière qu'en la retirant on pourra la réduire en poussière.

(58) *Voyez* la 13e lettre de M. *Huber* à M. *Bonnet.*

(59) Voyez *The femine monarchy*, etc. ; *La Monarchie féminine, ou Histoire des abeilles, dans laquelle on parle de leur nature, de leur génération, de leurs essaims*, etc., *avec la manière de les élever, le tout fondé sur l'expérience ; par Ch. Butler*, un vol. in-4°, 1623.

(60) Voyez *Observations on bees.* (Observations sur les abeilles) ; par *John Hunter*, dans les Mém. de la Société royale de Londres. (Trans. Phil.) 1792.

(61) Let. inéd. de M. *Huber*, du 15 avril 1810.

(62) Voyez l'*Hist. nat. de la chauve-souris ;* par *Buffon.*

(63) *Voyez* la 10e lettre de M. *Huber* à M. *Bonnet.*

(64) *Voyez idem.*

(65) Cette observation est d'un amateur distingué, M. *Binet,* professeur de mathématiques à l'Ecole polytechnique.

(66) Ce tabouret, dont je vais donner la forme, a été imaginé par M. *Tenesson* pour enfumer les abeilles avec facilité,

sans danger pour elles et avec sécurité pour la personne qui enfume. J'en ai fait faire un d'après sa principale idée. Mon tabouret a 15 pouces en carré (40 cent.) sur 17 d'élévation (45 cent.); les quatre montans assemblés de trois côtés par chacun trois traverses. Ces trois côtés sont fermés en planches; il reste un côté ouvert n'ayant que deux traverses, dont une au haut, et l'autre à 9 pouces en contre-bas (24 cent.), à la même hauteur que les trois autres traverses. Le dessus du tabouret est une table de 16 pouces en carré (42 centim.), percée dans son milieu de la grandeur d'un pied dans œuvre (32 centim.), lequel est fermé par une toile métallique, claire comme du gros *canevas*, et peut l'être en grillage assez serré pour que les abeilles ne puissent tomber au travers. C'est dans ce tabouret que l'on place la poêle fumante.

(67) M. *Lasseray*, qui a son rucher au Jardin des Plantes, a imaginé des cordons qu'il enduit avec un mélange de *propolis* et de cire, et dont il se sert pour fermer la jointure extérieure qu'il y a entre la ruche et son couvercle; ce cordon se pose, se colle et s'enlève dans un instant; il est plus expéditif et plus propre que le pourget.

(68) Dans un écrit imprimé, daté du 18 novembre 1809, M. *Ducouëdic* a aussi donné un moyen de faire des *essaims artificiels*, moyen dont il *s'attribue l'invention*; c'est celui de mettre une ruche pleine en communication avec une ruche vide par un tuyau conduisant de l'une dans l'autre, dont on peut intercepter le passage à volonté au moyen d'une fente dans laquelle on introduit une carte, lorsqu'on juge que l'essaim est dans la ruche nouvelle. « On enlève, dit-il, le panier » dans lequel s'est logée cette première peuplade; on pose » un autre panier vide en enlevant la carte qui ferme la cloison » de séparation. *Bientôt* le *second* panier vide sera plein » d'abeilles; on l'enlèvera pour en placer un *troisième*, et » successivement un *quatrième, un cinquième*; etc. Cela » peut durer, *avec mes paniers*, depuis le 15 mai jusqu'au » 15 juillet, *sans les épuiser et sans nuire à la récolte*. Ce » *secret*, pour se créer *promptement* un rucher considérable, » est plus sûr que celui du berger *Aristée*. J'en ai voulu aux » amateurs qui ont prétendu s'en prévaloir et *me dérober* » *les honneurs de l'invention*; mais je me réjouis que *mes* » *procédés* soient répandus, n'importe comment, par qui, ni » par où….. » M. *Ducouëdic* nous donne pour *secret* et pour une *nouvelle invention* des vieilleries qui ont été essayées sans succès il y a plus de quarante ans; elles avaient été imaginées par M. *Darbaud*, docteur en médecine à Aix; on en

trouve les détails à la page 229 du *Traité des abeilles* de *Pingeron*, imprimé en 1770.

(69) Dans les derniers tems, les amateurs d'abeilles ont lu avec étonnement une lettre d'un Anglais, M. *Knight*, à sir *Joseph Bank*, président de la Société royale de Londres, insérée dans les *Transactions philosophiques* 1807, dans laquelle M. *Knight* assure avoir vérifié qu'*avant* le départ d'un essaim, des abeilles de la ruche d'où il doit sortir, vont à la recherche d'un lieu propre à le loger à l'abri des injures de l'air.

Je pense que là-dedans il y a un peu d'erreur. Je ne crois pas que des abeilles d'une ruche qui doit donner un essaim aillent à la recherche d'un lieu propre à le loger *avant* la sortie de l'essaim ; mais je penche à croire que des abeilles d'un essaim sorti, fixé à la proximité du rucher et *abandonné à lui-même*, vont à la recherche d'un local propre à le recevoir. Voici, au surplus, des assertions qui prouvent que les observations de M. *Knight* ne sont pas nouvelles.

Saint-Jean de Crevecœur, dans ses Lettres du *Cultivateur américain*, dont la première est de 1770, à la page 62 du premier volume, s'exprime ainsi : « Un des problêmes les plus difficiles à résoudre, est de savoir quand les abeilles auront essaimé : elles voudront rester dans la ruche qu'on leur aura destinée, ou s'échapper pour aller se fixer dans le creux de quelques arbres ; car, *quand par le moyen de leurs émissaires elles se seront choisi une retraite*, il n'est pas possible de les faire rester. Plusieurs fois j'ai forcé des essaims d'entrer dans des boîtes que je leur avais préparées, je les ai toujours perdus vers le soir ; au moment que je m'y attendais le moins, elles s'enfuyaient en corps vers les bois. »

Relativement à cette observation de *Saint-Jean de Crevecœur*, je crois aussi que les abeilles tenues dans un rucher à la proximité des bois, lorsqu'elles sortent en essaims, ont une propension à se loger dans les forêts qui sont à leur proximité, parce que c'est leur naturelle et primitive demeure.

Les deux observations suivantes semblent confirmer cette opinion.

Duchet, dans son ouvrage sur les abeilles imprimé à Vevay en 1771, pag. 25, dit : « J'ai vu plus d'une fois des essaims qui, *avant de sortir*, avaient envoyé *des fourriers chercher un camp dans le creux d'un arbre* à un quart de lieue, et l'essaim s'y rendre par le chemin le plus court, et avec une vitesse qui aurait pu défier celle d'un cavalier bien monté. »

Duchet dit, *avant de sortir;* comment a-t-il pu vérifier ce fait?

Un Mémoire adressé, en 1811, à la Société d'agriculture de Paris, par M. *de Buchepot,* membre de la Société d'agriculture du département de l'Indre, contient ce qui suit. « Je crois devoir citer un fait dont j'ai été le témoin. J'étais à chasser dans un bois taillis quand, frappé d'un sifflement aigu, je reconnus qu'il était causé par un essaim qui passait au-dessus de ma tête, lequel, sans s'arrêter à plusieurs grands arbres qui se trouvaient sur son passage, disparut bientôt. Un laboureur que je rejoignis à l'instant même et qui l'avait également aperçu, après plusieurs réflexions tant de sa part que de la mienne sur la direction que l'essaim avait pu prendre, dit qu'il pourrait bien se faire qu'il eût été loger dans un grand chêne qu'il me désigna, et qu'il soupçonnait creux parce qu'il avait été percé en plusieurs endroits par les piverts; j'eus la curiosité de m'en assurer, et accompagné du laboureur je me rendis au lieu indiqué et éloigné de deux portées de fusil; quel ne fut pas mon étonnement quand je vis en effet l'essaim attaché au tronc de l'arbre et se dirigeant en colonne vers la cîme pour parvenir à l'un des trous, où enfin il finit par s'établir! »

Ces faits viennent à l'appui de mon opinion sur la propension qu'ont les abeilles à se loger dans les bois, mais en voici d'autres qui semblent aussi prouver qu'à défaut de forêts dans leur voisinage, les abeilles en essaims cherchent à se loger ailleurs; je ne puis cependant pas assurer qu'il n'y avait point de bois dans le voisinage des amateurs d'abeilles dont je vais parler, mais je le présume.

Dubost, dans son ouvrage sur les abeilles, à la pag. 69, dit: « Qu'on ne s'imagine pas qu'un essaim parte au hasard, ce serait mal juger des êtres qui aux yeux de l'observateur donnent tant de preuves d'intelligence. Cette assertion n'est pas une conjecture, elle pose sur des faits dont j'ai été témoin et que je vais rapporter. J'étais un jour sur les neuf heures du matin au-devant de mon abeillier où j'examinais le mouvement des abeilles, lorsque j'aperçus d'autres mouches qui entraient et sortaient d'une ruche que je savais être vide et qui même n'avait jamais servi; excité par l'envie de savoir ce qu'elles y faisaient, j'en visitai l'intérieur où je trouvai à-peu-près une centaine d'abeilles qui en parcouraient avec avidité tous les côtés. Je fus frappé de cette singularité, sans cependant y attacher aucune idée. J'étais à table, quand on vint m'avertir qu'on voyait voler un essaim qu'on croyait sorti de mes ruches ; quoique je fusse sûr qu'il ne pouvait m'appartenir, je ne résistai pas au plaisir d'aller observer sa marche : je ne fus pas plutôt dans ma cour que je le vis se diriger sur mon abeillier ; me rappelant alors l'observation du matin, je conjecturai qu'il allait se loger dans la ruche dont j'ai parlé, ce qui arriva en effet. Deux dames de mes voisines, continue *Dubost*, ont vu arriver chez elles des essaims et se loger d'eux-mêmes dans des ruches vides, quoique situées à une grande distance des lieux d'où ils étaient partis. »

M. *Mabille*, propriétaire à la Mazère, commune de Nazelle, près d'Amboise, m'a attesté le fait suivant. Un essaim part dans un moment où les ruches n'étaient pas gardées ; on l'aperçoit, et tandis qu'on se disposait pour le cueillir, il repart et prend son vol en droite ligne vers un hameau éloigné d'un quart de lieue ; on le voit entrer à travers un mauvais volet dans un réduit au-dessus d'un four, on monte par une échelle et on trouve l'essaim qui venait de se loger dans une vieille ruche abandonnée là depuis long-tems.

D'après l'ensemble de ces observations et la certitude que nous avons que dans les forêts du nord de l'Europe les abeilles sauvages se logent d'elles-mêmes, soit dans des troncs d'arbres, soit dans des blocs creusés par la main des hommes, je répète que je crois en effet que les abeilles en essaims ont parmi elles des quêteuses qui vont à la découverte des lieux où les essaims puissent se mettre promptement à l'abri des injures du tems, autrement il en périrait un très-grand nombre. Ne voyons-nous pas tous les insectes et même tous les animaux se mettre d'eux-mêmes hors de tout ce qui peut leur nuire ? pourquoi les abeilles n'auraient-elles pas le même instinct pour leur conservation ?

(70) V. les *Mémoires de l'Académie* pour servir à l'histoire des animaux, part. 4, p. 118.

(71) Cela est ainsi d'après une loi du 28 septembre 1791.

(72) J'ai demandé à plusieurs ciriers si on n'avait pas essayé d'autres moyens que ceux en usage pour blanchir la cire. Un seul m'a cité un fait qui mérite d'être connu, parce qu'il peut conduire à des découvertes sur la partie colorante du miel qui reste incorporée dans la cire et qui s'oppose à son blanchiment. Comme beaucoup de matières végétales et autres perdent leur couleur naturelle dans un lieu frais, obscur et privé d'air, un cirier, après avoir *rubanné* sa cire comme cela se pratique avant de l'exposer au soleil, la fit étendre sur des toiles dans une grande cave privée d'air : après quelques jours voulant visiter sa cire, en ouvrant la porte de la cave sa

lumière s'éteignit ; un ouvrier voulut y descendre avec la précaution de marcher le dos tourné du côté de la cave, sa lumière s'éteignit aussi et il fut forcé de se retirer. Cet essai, m'a-t-il assuré, n'avait pas eu de suite.

(73) *Sésame*, espèce de blé selon *Pline*, espèce de légume selon *Columelle*.

(74) *Ath. lib.* 14., *cap.* 14. *Horace* dans ses satires se moque d'un homme délicat qui refuserait de boire du vin de Falerne s'il n'était adouci par le miel du mont Hymette.

(75) En voici une en l'honneur de *Bacchus*.

Buvons, chantons Bacchus, il se plaît à nos danses, il se plaît à nos chants, il étouffe l'envie, la haine et les chagrins : aux grâces séduisantes, aux amours enchanteurs, il donna la naissance.

Aimons, buvons, chantons Bacchus.

L'avenir n'est point encore, le présent n'est bientôt plus, le seul instant de la vie est l'instant où l'on jouit.

Aimons, buvons, chantons Bacchus.

Sages dans nos folies, riches de nos plaisirs, foulons aux pieds la terre et ses vaines grandeurs, et dans la douce ivresse que des momens si beaux font couler dans nos ames,

Aimons, buvons, chantons Bacchus.

Voy. du J. Anach., chap. 25.

FIN.

TABLE

DES MATIÈRES.

TABLE

H.

I.

J.

L.

M.

FIN DE LA TABLE.

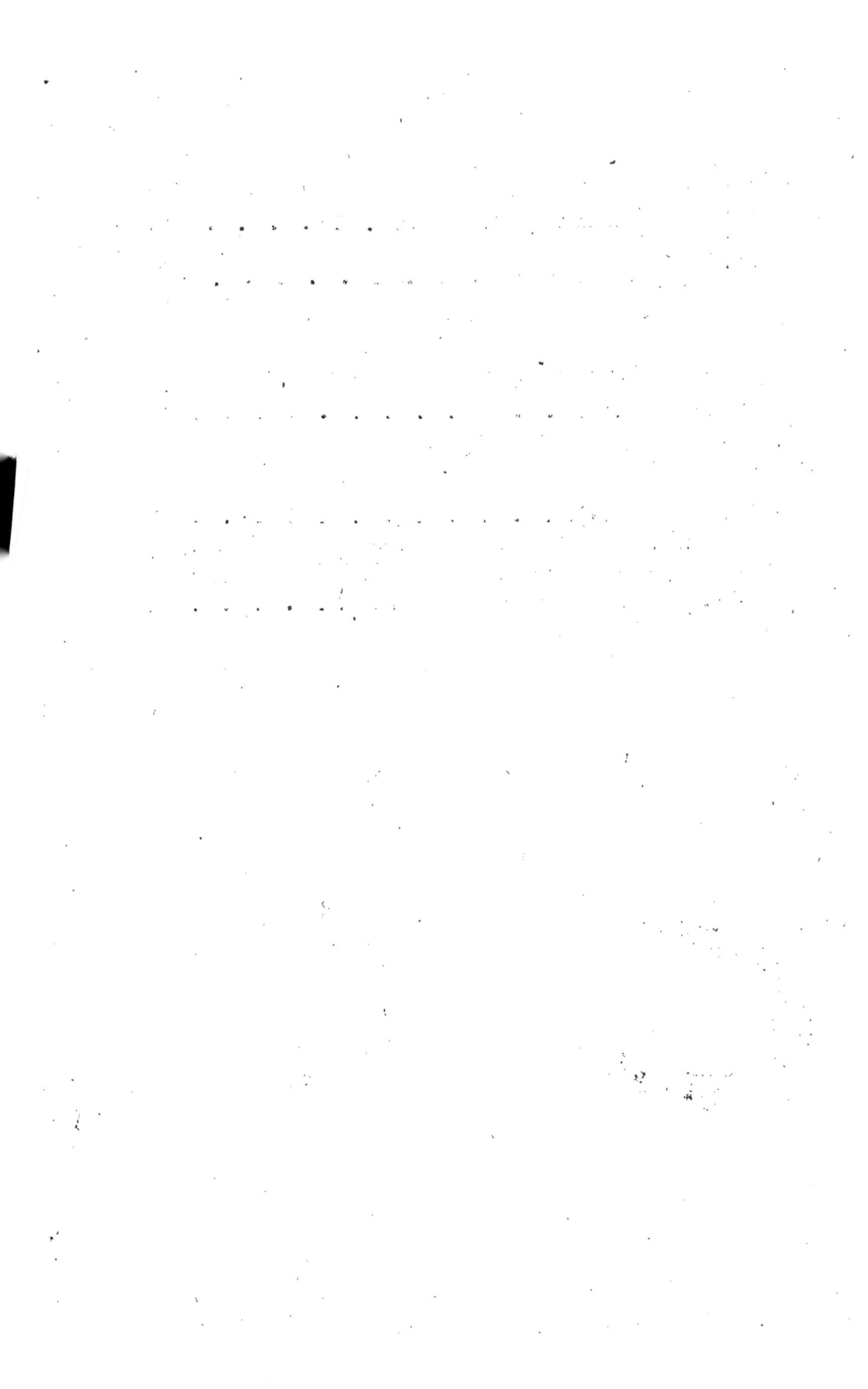

www.ingramcontent.com/pod-product-compliance
Lightning Source LLC
Chambersburg PA
CBHW071846200326
41519CB00016B/4265